Nicole Röder
Isabel Weber

Hunde richtig ausstellen

Tipps zum perfekten Handling und der optimalen Präsentation im Ring

Müller Rüschlikon

IMPRESSUM

Einbandgestaltung: r2 | Ravenstein, Verden

Titelfoto: Malwina Przysowa

Bildnachweis:
Andreas Mertes: S. 14, 17, 18, 20, 21, 22, 23, 26, 27, 28, 29, 30, 31, 34, 35, 36, 37, 38, 39, 40, 41, 42, 43, 44, 45, 48, 49, 57, 59, 66, 68, 72, 83, 86, 87, 88, 89, 90, 91
Malwina Przysowa: S. 4
Nicole Röder: S. 50, 51, 52, 70, 74, 75, 81
Meik van der Linde: S. 67, 92
Isabel Weber von Natascha Hoffmann Tierfotografie: 94, 95

ISBN 978-3-275-02310-3

Postfach 103743, 70032 Stuttgart
Ein Unternehmen der Paul Pietsch Verlage GmbH & Co. KG

1. Auflage 2024

Sie finden uns im Internet unter www.mueller-rueschlikon-verlag.de

Lektorat: Claudia König
Innengestaltung: Andrea Horn, Layout-iT!, Dorsten
Druck und Bindung: DZS Grafik d.o.o., 1210 Ljubljana
Printed in Slovenia

VORWORT 4

WARUM ZUR HUNDEAUSSTELLUNG? 6

BEGRIFFE, DIE MAN KENNEN SOLLTE 8
Klassen, Titel, Abkürzungen 10

VOR DER AUSSTELLUNG 14
Vorbereitung Hund 15
Training, Training, Training 15
Vorbereitung Mensch 34
Handling will gelernt sein 34

MONATE, WOCHEN, TAGE VOR DER SHOW 50

SHOWTIME (DER GROSSE TAG) 54
Mensch: Was brauche ich und was muss ich über Richter und Gelände wissen? 55
Was passiert in welcher Reihenfolge? 56
Etikette im Ring (und außerhalb) 60

FAQs 64

MENTALTRAINING FÜR HANDLER 68
Mentaltraining: Was es ist und wie es funktioniert 69
Praktische Übungen für mehr Erfolg 70

NICHT VERGESSEN 72
Bleib locker 73
Entspannte Warterei 77

ANHANG: WAS HABE ICH DA EIGENTLICH FÜR EINEN HUND? 82

WEITERBILDUNG FÜRS MENSCH-HUND-TEAM 86
Was ist ein gutes Ringtraining? 87

SCHLUSSWORT 92
DANKE 93
AUTORENPORTRAITS 94

Vorwort

Wer seinen Rassehund zur Zucht zulassen möchte, der kommt keinesfalls um sie herum. Nicht wenige wollen ihr vierbeiniges Prachtexemplar schlichtweg aus Liebe zur jeweiligen Rasse hier präsentieren. Und manche besuchen sie, weil sie sich ein Bild von einem bestimmten Typ Hund machen wollen.

Die Rede ist von Hundeausstellungen. Jährlich finden im In- und Ausland unzählige kleinere, meist rassespezifische Veranstaltungen dieser Art statt. Hinzu kommen die vom VDH und der FCI organisierten nationalen und internationalen Rassehundeausstellungen, die für alle offiziell anerkannten Rassen offen sind.

Wer sich zu einer dieser Veranstaltungen begibt, der merkt schnell: Einfach nur im Kreis laufen und den Hund anschauen lassen, um anschließend mit einer guten Bewertung nach Hause zu fahren – so funktioniert das nicht. Hier begibt man sich, wie bei jedem spezifischen Wettbewerb, in eine eigene Welt. Es gibt offizielle und ungeschriebene Regeln, die man gut kennen sollte, bevor man mit seinem Prachtexemplar von Hund womöglich enttäuscht das Gelände verlässt.

Ein guter Vierbeiner, vorgeführt von einem mäßigen Aussteller (auch Handler genannt) wird nur selten eine der besten Bewertungen erhalten. Ein mittelmäßiger Hund, gezeigt von einem exzellenten Handler, kann dagegen mit ausgezeichneter Bewertung aus dem Ring gehen.

Damit Sie, liebe Lesenden, bestens vorbereitet in die erste Show gehen, liegt Ihnen hier ein Praxisbuch vor, dass alles an die Hand gibt, was es für ein erfolgreiches Ausstellen braucht.

Bei welcher Art Ausstellung startet man als Einsteiger am besten? Was gilt es vorab mit dem Hund zu üben? Wie präsentiert man sich selbst und den Vierbeiner am wirkungsvollsten und was bedeuten eigentlich all die Abkürzungen und Fremdwörter, die einem in dieser Welt begegnen?

Nach der Lektüre dieses Buches können Sie diese und weitere Fragen beantworten und gehen bestens vorbereitet zur Hundeshow. Und sollte die Aufregung zu groß werden und Sie sich unsicher fühlen, dann können Sie ganz einfach die wesentlichen Punkte nochmal nachlesen und -arbeiten.

Das Buch ist im Wesentlichen praxisorientiert und beleuchtet (neben allgemeingültigen Informationen) die wichtigsten Kriterien, die es im Ring für die unterschiedlichen Rassen zu beachten gilt. Damit ist es auch ein hervorragender Ratgeber für alle, die bereits auf Ausstellungen unterwegs sind, aber in ihrem Auftritt noch besser werden wollen.

Isabel Weber, die nicht nur mit ihren eigenen Hunden regelmäßig die begehrtesten Showtitel im In- und Ausland gewinnt, sondern auch unzähligen Teams mithilfe ihrer Ringtrainings zu außerordentlichen Leistungen, Bewertungen und Siegen verholfen hat, erklärt in diesem Praxisbuch, wie auch Sie es schaffen, mit der richtigen Vorbereitung Ihren Hund gekonnt zu präsentieren.

Wir wünschen Ihnen viel Spaß beim Lesen, Trainieren und Ausstellen.

Ihre
Isabel Weber und Nicole Röder

Malivan_Iuliia/Shutterstock.com

Warum zur Hundeausstellung?

Nicht wenige Hundemenschen können mit der Vorstellung, ihren Hund bei einer Hundeausstellung zu präsentieren, im ersten Moment nichts anfangen. Bis dann der Moment bzw. der Hund kommt, mit dem alles anders wird.

Der Hund, der in seinen rassetypischen Merkmalen nahezu perfekt erscheint. Der Vierbeiner, der nicht nur die perfekte Optik mitbringt, sondern auch in seinem Wesen und seinen Charaktereigenschaften alles vereint, dass die jeweilige Rassebeschreibung als wünschenswert erachtet.

Der Hund also, der seine Rasse sowohl wegen seines Exterieurs als auch was seinen Charakter angeht einfach alle repräsentiert, was von dieser Hunderasse im Optimalfall erwartet wird.

Kurzum: Der Hund, den jeder sich vorstellt, der den jeweiligen Rassestandard liest. Einfach der perfekte Vertreter seiner Art, der eine absolute Bereicherung für die entsprechende Rasse ist und der deswegen unbedingt in die Zucht sollte, weil diese Gene einfach nicht verschwendet werden dürfen. Und wer seinen Hund in der Zucht einsetzen möchte, der kommt nicht drumherum, wenigstens ein Minimum an Ausstellungen zu besuchen.

Die Zuchtzulassung kann ein Hund innerhalb des VDH nur dann erlangen, wenn er die, für seine Rasse, festgelegten gesundheitlichen Aspekte erfüllt; eine Verhaltensbeurteilung bestanden hat und die entsprechend geforderten Formwertnoten bei einer (eventuell sogar mehreren, je nach Rasse) Hundeausstellung erreicht hat.

Aber auch, wer nicht gleich in die Zucht einsteigen möchte, will seinen Hund unter Umständen von einem geschulten Richter bewerten lassen. Vielleicht findet man selbst einfach nur, dass der eigene Hund seine Rasse geradezu bilderbuchmäßig zeigt und möchte das offiziell bestätigt bekommen.

Es kann aber auch sein, dass man in der Vergangenheit bereits mit Hunden auf Ausstellungen unterwegs war und man sich seine Wochenenden schlichtweg nicht anders vorstellen kann, als bekannte Gesichter zu sehen, mit alten und neuen Bekannten zu fachsimpeln und dabei seine Runden im Ring zu drehen.

Es gibt zig verschiedene Gründe, aus denen man sich dazu entschließt, der Welt der Ausstellenden beizutreten und egal, ob es aus Spaß, Neugier oder Pflicht ist, der Ablauf ist immer derselbe und das Ziel immer gleich: Den ausgestellten Hund so gut wie nur irgend möglich zu präsentieren.

Was auch immer Ihre Beweggründe sein mögen: Mit diesem Buch halten Sie den richtigen Ratgeber in Händen, um gut auf die Ausstellung vorbereitet zu sein und Ihren Hund perfekt vorzuführen.

Seregraff/Shutterstock.com

Begriffe, die man kennen sollte

Bevor man sich in das Abenteuer Hundeausstellung stürzt, kommt man nicht umhin, sich mit einigen Begriffen und Fremdworten zu beschäftigen.

Aus Gründen der Übersichtlichkeit werden wir uns im Folgenden auf die Teilnahme an Veranstaltungen beschränken, die im Rahmen der FCI (Federation Cynologique International) stattfinden.

Hier setzen wir voraus, dass sich der interessierte Zweibeiner seinen Hund bei einem Züchter ausgesucht hat, der innerhalb dieses Verbandes züchtet und entsprechende Papiere (will heißen: den Stammbaum des Hundes, auch Pedigree genannt) vorlegen kann. Wer in Deutschland einen Hund bei einem, dem VDH (Verband für das Deutsche Hundewesen) angeschlossenen Züchter erwirbt, der ist diesbezüglich auf der sicheren Seite.

Sieht man in seinem Prachtexemplar von Hund nun also den nächsten Champion oder möchte sich einfach den eigenen Eindruck, dass der Vierbeiner absolut perfekt geraten ist, von einem Richter bestätigen lassen, geht es mit der Suche nach der passenden Ausstellung los.

Wenn man seine FCI-Papiere vorliegen und geprüft hat, ob der Impfpass des Hundes korrekt ausgefüllt und gültig ist, sucht man sich als nächstes passende Show-Termine aus.

Wer sich für einen Rassehund interessiert, der sollte sich grundsätzlich an Züchter wenden, die innerhalb des VDH bzw. der FCI züchten. Auch, wenn schwarze Schafe nie gänzlich ausgeschlossen sind, kann man sich hier zumindest relativ sicher sein, dass gewisse Vorgaben in punkto Aufzucht und Gesundheit erfüllt sind, diese Vorgaben zum Wohl der Tiere auch entsprechend überprüft werden und ein gewisser Standard in Sachen Krankheitsprävention und Sozialisierung eingehalten werden muss.

Auf der Homepage des VDH (www.vdh.de) findet man unter dem Punkt »Ausstellungen« die Auflistung aller relevanten Hundeausstellungen im In- und Ausland.

Weiter sind folgende Adressen zu empfehlen, wenn es speziell um Hundeausstellungen über die Grenzen Deutschlands hinaus geht:

- www.onlinedogshows.eu und
- www.doglle.com.

Und da jede Rasse auch über ihre eigenen, rassespezifischen Veranstaltungen verfügt, ist auf der Seite des VDH auch eine direkte Verlinkung zu den verschiedenen Spezial-Rassehundeausstellungen angegeben.

In der Regel sind Spezial-Rassehundeausstellungen der Rassezuchtvereine ausschließlich auf die eine, vom jeweiligen Verein betreute Rasse ausgerichtet. Bei kleinen Vereinen kommt es auch vor, dass Gemeinschaftsausstellungen mit anderen Rassehundevereinen organisiert werden, so dass man auch hier verschiedene Hunderassen innerhalb der Ausstellung hat. Nichtsdestotrotz sind diese Hundeshows meist in einem eher kleinen, familiären Rahmen angesiedelt und finden in der Regel unter freiem Himmel statt. Wer zum ersten Mal mit seinem Hund eine Ausstellung besucht, ist besonders auf solch kleineren Veranstaltungen gut aufgehoben. Der Stress durch die neuen Eindrücke, die vielen Hunde und Menschen und die ungewohnte Umgebung hält sich in Grenzen. Außerdem ist es hier deutlich einfacher, sich zu orientieren und seinen Einsatz nicht zu verpassen, weil insgesamt weniger Hunde starten und es nicht zig verschiedene Ausstellungsringe gibt. Außerdem sind diese Shows in einem überschaubaren, zeitlichen Rahmen zu Ende und dauern nicht zwangsläufig den ganzen Tag.

Mit dem Wissen um FCI, VDH und verschiedene Ausstellungsangebote, geht es nun ans Eingemachte. In welcher Klasse soll gemeldet werden? Welche Bewertungen und Titel gibt es? Und was ist unter Begriffen wie Handling oder Stacking zu verstehen?

Klassen, Titel, Abkürzungen

Wie in jedem Wettbewerb, so gibt es natürlich (oder vielleicht kann man auch sagen: vor allem) bei Hundeausstellungen etwas zu gewinnen. Schleifen und Pokale haben aber hier eher einen untergeordneten Rang, denn es geht vielmehr um das, was dahintersteckt: Titel gewinnen und sich Ausstellung für Ausstellung an begehrte nationale und internationale Championtitel heranzuarbeiten.

Welche Schritte aber bis dahin erledigt sein wollen, welche Titel es überhaupt gibt und welche Dachverbände man kennen sollte, dazu mehr in dieser kurzen Übersicht.

FCI (Federation Cynologique International); hier handelt es sich um den größten, internationalen, kynologischen Dachverband – Deutschland wird durch den VDH repräsentiert. Die FCI ist nicht nur für die Einteilung der Hunderassen in Gruppen und Sektionen zuständig. Sie legt außerdem auch die international gültigen Zucht- und Rassestandards fest. Der Rassestandard beschreibt den Idealtyp der jeweiligen Hunderasse und dient als Grundlage für die Bewertungen durch die Ausstellungsrichter. Die mehr als 250 von der FCI anerkannten Hunderassen sind in 10 Gruppen eingeteilt – die Unterteilung basiert auf den Fähigkeiten und typischen Eigenschaften der jeweiligen Rassen. Zum Beispiel Hüte- und Treibhunde (Gruppe 1), Vorstehhunde (Gruppe 7) oder Windhunde (Gruppe 10).
Die genauen Kriterien für den eigenen Rassehund sollte man sich auf der Homepage der FCI oder in einem der zahlreichen Hunderassenratgeber genau anschauen, damit man weiß, in welcher Gruppe man seinen Hund melden muss.

VDH (Verband für das deutsche Hundewesen); der VDH ist der Dachverband für fast 200 Hundesportvereine und Züchter in Deutschland und dem FCI angeschlossen. Das heißt, wer im VDH züchtet oder Hundesport betreibt, kann sich auch auf internationaler Ebene mit anderen Ausstellern und Sportlern messen (sofern es sich um Veranstaltungen handelt, die ebenfalls von Mitgliedsvereinen der FCI organisiert sind). Es gelten die internationalen Vorgaben des FCI, was Zucht, sportliches Regelwerk usw. betrifft.
Auf der Homepage des VDH finden sich sämtliche Regelwerke, Ausstellungs- und Turniertermine, Anmeldeformulare etc.

BOB Best of Breed; bester Hund der Rasse; die Auswahl wird gefällt im Vergleich der erstplatzierten Hunde aus den einzelnen Klassen.

BIG Best in Group bzw. **BOG** Best of Group; bester Hund der jeweiligen FCI Gruppe; die Auswahl findet aus den jeweiligen BOB Hunden der jeweiligen Gruppe statt.

BIS Best in Show; bester Hund der Ausstellung; die Auswahl findet aus den BIG BOG Hunden, bzw. bei mehrtägigen Schauen zwischen den Tagessiegern statt.

BOS Best opposite Sex; bester Hund des anderen Geschlechts (wenn der BOB eine Hündin ist, dann ist der BOS der beste Rüde).

CACIB Certificat d'Aptitude au Championnat International de Beaute – meint die Anwartschaft auf den Titel »Internationaler Schönheitschampion«.

CAC-VDH Anwartschaft auf den Titel »Deutscher Champion (VDH)«.

Um nun einen dieser Titel zu erlangen, muss man den Hund in der für ihn geeigneten Klasse anmelden. Welche es im Einzelnen gibt, ist hier zur Übersicht dargestellt. Es geht also im Folgenden um die richtige **Klasseneinteilung**.
Das heißt, dass die Hunde auf den verschiedenen Ausstellungen in Klassen eingeteilt sind. In der jeweils passenden Klasse wird der auszustellende Vierbeiner angemeldet und vorgeführt.

Unterteilt sind die Klassen nach Geschlecht, Alter und Qualifikation des Hundes:

Babyklasse (Puppy Class)
Für Hunde zwischen 4 und 6 Monaten, um eine erste Einschätzung zu treffen, was die Zukunft potentiell bringen wird. Bewertungen wie in der Jüngstenklasse. Diese Puppy Class findet sich in Deutschland in der Regel nur auf Spezial-Rasse-Hunde-Ausstellungen.

Jüngstenklasse
Hunde, die mindestens 6 und maximal 9 Monate alt sind; hier werden keine regulären Formwertnoten vergeben, sondern lediglich Einschätzungen getroffen, die mit den Bewertungen VV (vielversprechend), V (versprechend) oder WV (wenig versprechend) bewertet werden.

Jugendklasse
Hunde, die am Tag der Ausstellung mindestens 9 Monate und maximal 18 Monate alt sind. Der hier ermittelte beste Jugendhund (sowohl aus den Rüden, als auch den Hündinnen) kann am Wettbewerb Best of Breed (BOB) teilnehmen.

Zwischenklasse
Für Hunde im Alter von 15–24 Monaten.

Championklasse
Hunde, die am Tag der Show mindestens 15 Monate alt sind und bis zum Meldeschluss einen qualifizierenden Titel nachweisen können. Hierzu gehören die Titel Internationaler Schönheitsschampion (FCI), Nationaler Champion (FCI anerkannt) oder Deutscher Champion (VDH).

Gebrauchshundeklasse
Hunde, die eine vom zuständigen Rassehundezuchtverein vorgegebene Arbeitsprüfung erfolgreich abgelegt haben.

Offene Klasse
Hunde, die am Tag der Show mindestens 15 Monate alt sind und in der Champion- oder Gebrauchshundeklasse nicht startberechtigt sind.

Veteranenklasse
Hunde, die älter als 8 Jahre sind.

Die Bewertung, die der Vierbeiner in der Ausstellung erhält, wird in Noten ausgedrückt. Konkret nennt sich das **Formwertnote** und beschreibt den Hund (resp. sein Exterieur) mit einem Wort, wobei V (vorzüglich) die beste Bewertung darstellt:

V (Vorzüglich)
Der Hund kommt dem Idealstandard seiner Rasse sehr nahe; er wird in ausgezeichneter Verfassung vorgeführt; strahlt ein harmonisches, ausgeglichenes Wesen aus; hat »Klasse« und eine hervorragende Haltung. Seine überlegenen Eigenschaften überlagern kleine Unvollkommenheiten und lassen diese vergessen. Der Hund besitzt die typischen Merkmale seines Geschlechts.

SG (Sehr gut)
Der Hund besitzt die typischen Merkmale seiner Rasse; ist in guter Verfassung und besitzt ausgeglichene Proportionen. Man wird ihm einige verzeihliche Fehler nachsehen, allerdings keine wesentlichen, was Körperbau, Gangwerk, Zähne etc. betrifft.

G (Gut)
Der Hund besitzt die Hauptmerkmale seiner Rasse, weist aber Fehler auf.

Ggd (Genügend)
Der Hund entspricht seinem Rassetyp genügend, ohne dessen allgemein bekannte Eigenschaften zu besitzen bzw. die körperliche Verfassung des Hundes lässt zu wünschen übrig.

Disq (Disqualifiziert)
Gründe für diese Bewertung können sein: der Hund entspricht eindeutig nicht dem Rassestandard (weder in Optik noch im Verhalten); der Hund zeigt sich aggressiv; er hat einen Hodenfehler oder eine Kieferanomalie; es sind eindeutige Zeichen von Albinismus erkennbar; Fellfarbe oder Fellstruktur entsprechen nicht dem Standard. Diese Bewertung wird auch einem Hund zugesprochen, der seinem Rassemerkmal so wenig entspricht, dass die Gesundheit des Hundes beeinträchtigt ist. Mit diesem Formwert muss auch ein Hund bewertet werden, der nach geltendem Standard einen schweren bzw. disqualifizierenden Fehler hat.

OB (ohne Bewertung)
Hunde, die keiner o.g. Formwertnote zugeordnet werden können, werden ohne Bewertung aus dem Ring entlassen. Hierzu zählen Hunde, die sich aggressiv dem Richter, den anderen Teilneh-

mern, den anderen Hunden oder ihrem Handler gegenüber zeigen; sich nicht anfassen lassen oder sogar beißen – diese Hunde verlassen in der Praxis am häufigsten ohne Bewertung den Ring. Weitere Gründe für die nicht erfolgte Bewertung können sein: Wenn das Tier lahmt (oder offensichtlich Schmerzen hat) ständig am Aussteller hochspringt oder die ganze Zeit zum Ausgang zieht. Wenn also kein Eindruck vom Gangbild entstehen kann. Auch Hunde, die dem Richter ständig ausweichen, so dass keine Kontrolle von Hoden, Zähnen etc. möglich ist, können nicht bewertet werden. Zudem sind Hunde, an denen sich Spuren von Behandlungen oder Eingriffen feststellen lassen, die einen Täuschungsversuch nahelegen (z.B. künstliche Hoden o.ä.) ohne Bewertung aus dem Ring zu entlassen. Dasselbe gilt, wenn der Richter am Hund operative Eingriffe feststellt, die über die ursprüngliche Beschaffenheit hinwegtäuschen (Lid-, Ohr-, Rutenkorrektur). Wird der Hund »ohne Bewertung« entlassen, ist der Grund im Richterbericht zu vermerken.

Neben den oben genannten Abkürzungen gibt es noch ein paar wissenswerte Begriffe, denen man allenthalben im Rahmen des Ausstellungswesen begegnet und die man kennen sollte.
Dazu gehören:
Richterbericht: Hier ist die Bewertung des Richters nochmal ausformuliert in Schriftform festgehalten.

Handler: So nennt man die Person, die den Hund im Ring ausstellt.

Juniorhandling: Dieses stellt eine Sonderform im Ausstellungswesen dar, da es hier nicht vornehmlich um den Hund, sondern um den jungen Handler geht. Diese Show-Form wurde eingeführt, damit junge Aussteller*innen sich im Präsentieren der Hunde üben und mit anderen messen können. Bewertet wird nicht das Aussehen des vorgeführten Hundes, sondern die Präsentation durch den Juniorhandler. Welche Altersgruppen die jugendlichen Handler abdecken ist von Land zu Land unterschiedlich geregelt. Der VDH teilt in zwei Altersgruppen ein: Von 9–12 Jahre und von 13–17 Jahre.

Stacking: Hiermit ist das korrekte Hinstellen des Hundes, gemäß seines Rassestandards gemeint. Beim Stacking werden die Hunde so aufgestellt, dass der Richter einen guten Blick auf den gesamten Hundekörper hat. Das heißt: Der Handler steht hinter (oder vor) dem Hund und hat ihn vorher so in Position gestellt, dass all seine Vorzüge perfekt zur Geltung kommen. Die entsprechende Position wird vom Hund so lange gehalten, wie es die Begutachtung des Richters erforderlich macht.

Wie der Hund perfekt steht, ob man als Mensch die Rute in Form gestreckt hält und ob man eher hinter oder vor dem Hund steht, ist je nach Rasse unterschiedlich. Hier empfiehlt es sich, sich entweder live auf einer Ausstellung oder auf Fotos und Videos im Internet genau anzusehen, wie die eigene Rasse am besten gestackt werden soll.

Tipp: Videos der Hundeausstellungen von der Crufts in England sind qualitativ besonders empfehlenswert.

Vor der Ausstellung

Hat man sich erstmal durch den Dschungel der Begrifflichkeiten gearbeitet, die richtige Ausstellung für seinen Hund gefunden, diese gemeldet und ist dann noch immer hochmotiviert bei der Sache, dann wird es höchste Zeit, die nächsten Schritte einzuleiten. Denn auch, wenn der eigene Hund natürlich der beste, cleverste und schönste ist, den man je gesehen hat, so macht ihn das nicht automatisch zum Ausstellungs-Champion.

Für das Mensch-Hund-Team beginnt nämlich spätestens jetzt einiges an Vorbereitung und Übung. Nicht nur das korrekte Laufen, Stehen und Präsentieren des Vierbeiners wird in der Ausstellung gefordert. Vorab gibt es schon einiges an hündischer Körperpflege und Recherche zu betreiben, damit man seinen Hund auch der jeweiligen Rasse entsprechend korrekt und bestmöglich in Szene setzt.

Und nicht nur der Hund sollte im besten Licht erstrahlen. Der Zweibeiner, der seinem Tier nicht das Scheinwerferlicht stehlen sollte, hat sich höflich und gepflegt zu präsentieren und sollte darauf achtgeben, nicht in das ein oder andere Fettnäpfchen zu treten.

Es gibt also einiges zu tun, damit Mensch und Tier perfekt vorbereitet in ihr Show-Abenteuer starten können.

Die wichtigsten Punkte, Tipps vom Profi und wichtiges, dass man nicht nur als Neuling durchaus vergessen kann, behandeln wir im folgenden Kapitel.

Vorbereitung Hund

Dass man nicht einfach Hund und Papiere einpackt, seine Runden dreht und als frischgekörter Champion nach Hause kommt, das ist bis hierher sicherlich auch dem letzten klar geworden. Was aber speziell für und mit dem Hund geübt werden muss und welche, auch vermeintlichen Kleinigkeiten, später dafür sorgen können, dass aus dem SG doch noch ein V wird, darauf soll im Folgenden eingegangen werden.

Training, Training, Training

An den folgenden Übungen führt kein Weg vorbei. Sie werden bei jeder Ausstellung abgerufen und sollten entsprechend gut vorbereitet werden. Gemeinsam mit dem Besitzer im schönsten Trab, ohne an der Leine zu ziehen oder gar am Menschen hochzuspringen und wild in die Leine zu beißen, ist nur ein kleiner Teil der geforderten Aufgaben.

Grundsätzlich soll der Hund immer ohne Angst und Stress trainiert werden. Ein Hund, der unter Zwang gelernt hat, sich anfassen zu lassen oder beim Steh vor Angst kaum atmet, weil er eigentlich flüchten möchte, der wird nie ein schöner, gelassener Anblick sein und sich so entspannt darstellen, wie es gewünscht ist. Nehmen Sie sich also die Zeit, den Vierbeiner gründlich auf das vorzubereiten, was ihn erwartet. So kann er sich entspannt und voller Stolz präsentieren und Sie müssen keine Sorge haben, dass er sich in einem unvorteilhaften Licht zeigt.

Weiters gehören ein schönes Steh und das ruhige Zähne zeigen, sowie sich abtasten lassen zum Repertoire des vorbildlichen Ausstellungshundes. Dass der Vierbeiner die Konkurrenz weder innerhalb noch außerhalb des Rings zur Minna machen will, gehört selbstredend zum guten Ton. Aber beginnen wir mit den Grundlagen: Dem Stehen, Laufen und der Kontrolle von Gebiss und Körper.

Das korrekte Stehen

Ein gutes Steh einzuüben ist oft leichter gesagt als getan. Der Hund soll nämlich nicht einfach irgend wie stehen und das über einen längeren Zeitraum. Sondern so perfekt wie möglich. Will heißen: Die Füße stehen im bestmöglichen Abstand parallel zueinander und Kopf und Rute werden so getragen, dass sie dem Rassestandard so nahe wie möglich kommen. Dabei sollte der Hund möglichst entspannt sein, aber dennoch eine gewisse Körperspannung zeigen. Ziemlich viel auf einmal und gar nicht so einfach, wenn man es noch nie gesehen oder geübt hat.

Wer im Hundesport oder Tricktraining unterwegs ist und bereits ein standardmäßiges »Steh« eingeübt hat, der darf sich jetzt leider nicht bequem zurücklehnen und diesen Punkt überspringen, weil der Hund das ja schon kann. Nein, vielmehr ist genau für diese Hunde das erneute Erlernen einer anderen Standposition nicht mehr ganz so einfach und erfordert in jedem Fall ein erneutes Training und das Etablieren eines neuen Signals.

Wie soll das perfekte Steh aussehen?

Überprüfen Sie als erstes, was der Rassestandard zur Rutenhaltung sagt, damit Sie diese entsprechend einhalten. Eine entspannte Körperhaltung bedeutet auch, eine entspannte und lockere Rutenhaltung – das ist manchmal leichter gesagt als getan. Wenn Ihr Border Collie-Rüde seine eigentlich locker nach unten hängende Rute vor Anspannung voll aufgebläht wie eine Trophäe in den Wind hält, um den anderen Hunden zu zeigen, wer hier eigentlich das Sagen hat, dann ist das ähnlich unerwünscht wie wenn der Basenji seine eigentlich eingerollte Rute vor Nervosität und Angst ganz traurig nach unten hängen lässt. Solche Szenen sind nie ein schönes Bild und sollten vermieden werden.

Wie immer gilt also auch hier: Mit dem Hund ist in unterschiedlichsten Situationen das Stehen und auch das Laufen zu üben, damit er möglichst unbeeindruckt von neuen Situationen, Hunden und Menschen bleibt. Dies hilft immens dabei, dass er sich so zeigt, wie er sich zeigen soll – in seiner ganzen, entspannten und trotzdem selbstbewussten Pracht.

Beim Steh soll der Hund grundsätzlich so zum Richter ausgerichtet sein, dass der komplette Körper des Hundes in Gänze zu sehen und zu bewundern (und ja: zu bewerten) ist.

Das heißt: Der Vierbeiner steht seitlich zum Richter und der Handler mit etwas Abstand vor oder hinter dem Hund. So wird sichergestellt, dass der Mensch nicht den Blick auf den Vierbeiner verdecken kann. Beim korrekten Steh befinden sich die Vorder- und Hinterbeine möglichst parallel nebeneinander und sind dabei nicht zu breit oder zu eng gestellt.

Nicht direkt in die Gelenke fassen, so dass diese sich abknicken.

Bei einem solchen Griff verkrampft der ganze Hund.

So wird es gemacht: Nur seitlich mit leichtem Druck anfassen ...

... und mit sanfter Unterstützung die Position korrigieren.

Die Pfoten stehen gerade nach vorne ausgerichtet (nicht leicht nach außen oder innen gedreht).
Die Hinterhand sollte leicht gestreckt sein, dabei aber möglichst eine Winkelung von etwa 90 Grad zeigen – Sie sollten unbedingt darauf achten, dass Sie den Hund dabei nicht unbewusst zu weit nach vorne ziehen, da es dann zu einer Überstreckung der Hinterhand kommt, was dann ungesund aussehen kann. Grundsätzlich sollte der Hund hinten so stehen, dass die Winkelungen besonders gut zur Geltung kommen.

Der Rücken soll in der Regel gerade sein. Will heißen: Bei den meisten Rassen sollte der Hund so stehen, dass er den Rücken weder nach oben wölbt noch ins Hohlkreuz geht.

Doch auch hier gibt es die berühmten Ausnahmen und bei manchen Rassen ist erwünscht, dass der Hund am Becken wieder etwas höher ist als am eigentlichen Rücken. Hier hilft wie schon mehrfach erwähnt der Blick in den jeweiligen Rassestandard.

Die meisten der kleineren Hunderassen werden vom Richter auf einem Tisch stehend begutachtet und angefasst. Gehört Ihr Hund also zu einer Rasse, die auf einem Tisch gestackt werden soll, üben Sie auch zuhause schon das korrekte Stehen und Bleiben auf einem Tisch. Das macht es nicht nur einfacher für den Hund, sondern schont auch Ihren Rücken. Vielen Hunden bereitet diese Aufgabe im Ring einige Probleme, so dass man nicht an Zeit und Mühe sparen sollte, dies intensiv zu trainieren. Üben Sie das Stehen, Bleiben und betastet werden auf einem Tisch in verschiedenen Umgebungen und mit unterschiedlichen Personen, die die Rolle des Richters übernehmen – so stellt diese Aufgabe auch am großen Tag keine Herausforderung mehr für Ihren Liebling dar. Üben Sie in dem Zusammenhang auch gleich ein, dass Ihr kleiner Hund sich ohne Murren und Winden hochheben und auf dem Tisch absetzen lässt. Weder machen ein Zappelphilipp, noch ein vor Schreck eingefrorener Hund den besten Eindruck.

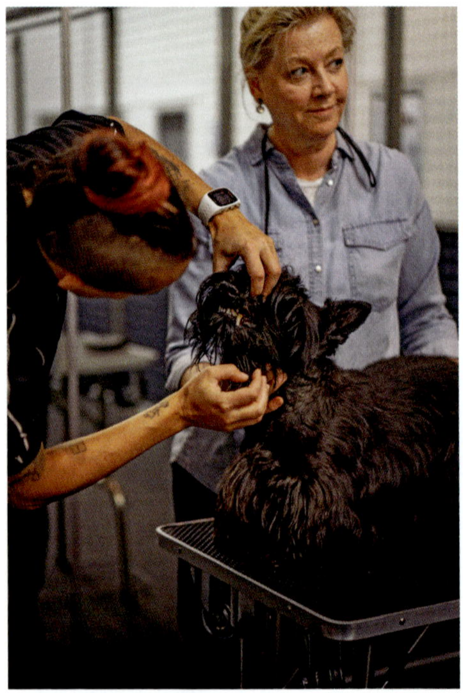

Alles in einer Übung: Stehen auf dem Tisch mit Gebisskontrolle.

Die Hals-Kopf Haltung ist leicht gestreckt nach oben, ohne überdehnt zu wirken. Der Hund schaut wach und aufmerksam, ohne Anzeichen von Angst – er sollte sich möglichst motiviert und stolz präsentieren. Das ist natürlich der Idealfall. An der korrekten Körperhaltung können Sie relativ einfach arbeiten, an der Ausstrahlung des Hundes leider weniger.

Manche sind geborene Showhunde, die sich tatsächlich scheinbar in die Brust werfen, wenn sie spüren, dass ihnen gerade die volle Aufmerksamkeit gewidmet ist. Diese Hunde sind aber die Ausnahme. Arbeiten Sie also immer mit viel Lob und verbaler Zustimmung, wenn Sie Ihren Hund auf sein Ausstellungsleben vorbereiten, damit er sich wenigstens einigermaßen begeistert präsentiert und die Pflichtübung nicht mit äußerstem Misstrauen über sich ergehen lässt. Denn auch die Ausstrahlung kann den schönsten Hund in der Bewertung nach unten ziehen. Je mehr Begeisterung, Lob und Leckereien Sie beim Üben investieren, je eher wird Ihr Hund sich für diese Aufgabe begeistern und das dann auch entsprechend ausstrahlen.

Übungsschritte

Wenn Sie sich mithilfe von Literatur, Bildern oder Videos eine Vorstellung davon gemacht haben, wie Ihr Hund perfekt steht, helfen Sie ihm anfangs, genau die richtige Position einzunehmen. Hierzu lassen Sie ihn stehen und locken ihn kleinschrittig mit seinen Lieblingsleckereien in die richtige Position.

Das Feintuning können Sie (übrigens auch in der Ausstellung) von Hand machen. Will heißen: Die Pfoten per Hand richtig hinstellen (gegebenenfalls etwas weiter auseinander, etwas mehr nach innen oder außen gedreht und die Hinterpfoten etwas weiter nach hinten). Den Kopf können Sie mithilfe der Leine leicht in die richtige Stellung bewegen.

Gehen Sie behutsam vor, wenn Sie Ihren Hund richtig ausrichten. Für den Hund muss sich das Steh toll anfühlen, damit er sich nicht verkrampft oder unbedingt raus aus dieser, meist eher unnatürlichen Haltung, will. Sparen Sie nicht an Lob und Leckereien und lösen Sie die Stellung anfangs schnell auf. Steigern Sie nur langsam die Dauer des Stehens, damit es den Hund nicht überfordert und er sich zu schnell von allein wieder heraus aus der Position begibt. In der Ausstellung soll er so lange stehen, bis der Richter ihn fertig begutachtet hat und daher heißt es: Das Steh ordentlich schönfüttern und so attraktiv gestalten, dass der Hund gerne in der Position verharrt. Lieber jeden Tag kurze Übungseinheiten, als kurz vor knapp zu schnell vorzugehen!

Und dann heißt es: Loben und füttern, füttern, füttern. Die perfekte Position soll sich für den Hund richtig gut anfühlen, so dass er merkt: Diese Stellung ist zwar ungewohnt, aber sie macht Spaß und es lohnt sich, genau so stehen zu bleiben.

Am besten übt sich das mit einer Hilfsperson, die von der Seite schaut, ob alle Gliedmaßen perfekt ausgerichtet sind und gegebenenfalls Anweisungen zur Korrektur gibt.

Bei manchen Hunderassen ist das sogenannte »freie Stacking« (also freies Stellen) gefordert. Das heißt, dass der Hund aus der Bewegung in korrekter Position stehen bleibt und dann auch diese Position hält. Dabei steht der Handler vor dem Kopf des Hundes, so dass ein komplett freier Blick auf den Körper gewährleistet ist. Gehört Ihr Hund zu einer Rasse, in der dieses freie Stellen erforderlich ist, üben Sie das unbedingt sehr gewissenhaft. Hier haben Sie nämlich wenig bis keine Möglichkeiten, den Stand während der Ausstellung zu korrigieren.

Um das zu Üben gibt es verschiedene Varianten:
Eine effektive und gut zu trainierende Methode ist es, wenn man sich eine Zielgeraden, auf der der Hund zum Stehen kommen soll, auf den Boden klebt oder mit einer querliegenden Stange markiert. Hierzu eignet sich ein Klebeband (Paketband oder Gaffatape) bzw. ein Besenstiel ganz hervorragend. Kleben Sie einen etwa 1 m langen Streifen auf den Boden und zwar quer vor dem Hund oder legen Sie die Stange einfach quer auf den Boden.
Der Hund steht also vor der Markierung und Sie gehen nun ein Stück gerade rückwärts, so dass der Vierbeiner Ihnen folgt. An der Markierung stoppen Sie den Hund – vorzugsweise mit einem Handzeichen, dass Sie von nun an immer dann nehmen, wenn der Hund stehenbleiben soll (bewährt hat sich das typische Zeigen der Handfläche – so signalisieren wir Menschen nun mal seit jeher das Stoppen, warum also nicht auch hier?!). Sobald der Hund stehen geblieben ist, bekommt er seine Belohnung.

Die Stange als Markierung ...

... der Mensch geht so weit rückwärts ...

Wiederholen Sie das Anhalten in Kombination mit Ihrem Rückwärtsgehen einige Male – in der Regel reichen 10–20 Wiederholungen, bis der Hund verstanden hat, was Sie von ihm wollen.

Stoppen Sie immer an der Bodenmarkierung: Das Tape bzw. die Stange dient als Markierung für die Vorderpfoten des Hundes, damit sein Körper gerade ausgerichtet zum Stehen kommt. Zugleich dient diese Linie als Grenzmarkierung für Sie, damit Sie nicht schräg laufen. In der Konzentration auf Gehen, Halten, Stoppen des Hundes und Belohnen kann es sonst durchaus passieren, dass man sich ein schiefes Rückwärtsgehen angewöhnt und den Hund entsprechend schräg ausrichtet.

Achten Sie dabei darauf, dass Sie dem Hund anfangs die Möglichkeit geben, sich ganz nach seinem Gusto auszurichten. Das heißt: Drücken Sie ihn nicht zu sehr beim Belohnen mit dem Kopf nach hinten unten zur Brust oder ziehen Sie ihn nicht zu sehr beim Belohnen mit der Belohnungshand nach vorne, oben oder unten (ja, auch Belohnen in der richtigen Stellung und die passende Handhaltung wollen gelernt sein).

Ein gut gebauter Hund wird sich nämlich beim Anhalten von selbst so hinstellen, dass sein Körper sehr gut gezeigt wird. Bei solchen Hunden braucht es dann lediglich ein bisschen Feinschliff, was die Parallelstellung und Ausrichtung (also Drehung) der Füße und ähnliche Kleinigkeiten angeht. Das können Sie aber erst angehen, wenn der Hund so gut und fest steht, dass Sie auch an ihm kleinere Manipulationen vornehmen können, ohne dass er sich wegbewegt.

... bis der Hund gerade vor der Markierung steht.

Nun die Position loben und das Steh festigen.

Tipp

Filmen Sie sich dabei, wie Sie mit dem Hund das Steh einüben. Nur so können Sie selbst sehen, ob der Stand, den Sie gerade trainieren auch wirklich dem entspricht, was Sie vor Ihrem geistigen Auge haben. Gleichen Sie die Aufnahmen auch mit den Bildern und Videos ab, die Sie sich vorab im Internet rausgesucht haben oder lassen Sie einen Ausstellungsprofi einen Blick darauf werfen.

Falls Sie sich mithilfe eines Stativs selber filmen oder eine Hilfsperson Ihnen zur Hand geht, achten Sie darauf, dass die Kamera (bzw. das Handy) so platziert sind, dass sie parallel und auf Höhe der Widerristlinie des Körpers ausgerichtet ist, damit Sie einen möglichst geraden Blick auf das Wesentliche haben.

Veränderungen im Handling sieht man auf Videos am besten.

Und das bedeutet wiederum: Loben, loben, loben und sobald der Hund verstanden hat, dass stehenbleiben auch wirklich im Steh verharren heißt, immer ein bisschen weiter vom Hund weggehen.

Bei der Ausstellung stehen Sie auch mit etwas Abstand zum Hund, damit der Hund schön frei vom Richter betrachtet werden kann und genau dann soll er sich durch nichts aus der Ruhe bringen lassen.

Wenn der Hund sehr gut und fest stehenbleibt, dann können Sie damit beginnen, die erwähnten, kleineren Korrekturen am Hund vorzunehmen. Sie können beispielsweise die Füße noch etwas besser ausrichten, falls diese zu weit nach außen oder innen gedreht sein sollten oder nicht perfekt parallel stehen. Üben Sie auch hier mit Ihrem Hund, dass er dieses Anfassen und umpositionieren gelassen über sich ergehen lässt und anschließend in der neu gesetzten Position verbleibt. Speziell an den Füßen sind viele Hunde empfindlich und wollen ausweichen oder fangen an, auf der Stelle zu trippeln, so dass sie ihre ganze Position wieder verändern.

Alternativ können Sie das Steh auch so einüben, dass Sie den Vierbeiner auf Pfotentargets trainieren, so dass er die richtige Beinstellung von selbst einnehmen soll. Das funktioniert besonders gut und schnell mit den Vorderbeinen.

Hierzu konditionieren Sie den Hund darauf, mit den Pfoten kleine Targets zu berühren. Das heißt: Sobald er diese mit den Pfoten berührt, gibt es eine Leckerei. Diese gibt es nach einigen Wiederholungen nur noch, wenn er richtig mit den Vorderpfoten darauf steht. Später kann man die Targets weglassen, weil der Hund die richtige

Üben mit dem Vorderpfoten-Target.

Als Target eignen sich kleine Klebestreifen, flache Filzuntersetzer oder im Fachhandel erwerbbare Bodentargets. Fangen Sie ruhig mit einem oder zwei relativ großen Targets an, die der Hund sicher treffen kann und lassen Sie diese im Verlauf des Trainings immer kleiner werden.

Position von selbst einnimmt, sobald er anhält und dazu aufgefordert wird. Nach demselben Prinzip kann man die Hinterhandstellung eintrainieren – dies ist aber für viele Hunde sehr viel schwerer umsetzbar, so dass sich in den meisten Fällen empfiehlt, die Hinterbeine anfangs per Hand korrekt zu stellen.

Wichtig: Achten Sie beim Üben des Steh immer darauf, dass der Hund das Einnehmen und Halten der Position angenehm findet. Unentspannte Vierbeiner werden eher selten die richtige Stellung einnehmen.

Wenn Sie der Überzeugung sind, dass Sie die perfekte Position für das Steh Ihres Hundes gefunden haben, lassen Sie jemand anderen Fotos und Videos hiervon machen. Schauen Sie sich das Material an und vergleichen Sie es mit Aufnahmen, die Sie zu Ihrer Rasse in Literatur oder Internet finden. So können Sie relativ genau einschätzen, ob Ihr Hund sich tatsächlich so zeigt, wie es der Rassestandard für wünschenswert erachtet.

Eine weitere, vor allem in den USA verbreitete Methode, um das Steh einzuüben, ist das Arbeiten mit einer sogenannten »Stacking Box«. Hier wird der Hund mit den Pfoten auf bewegliche Schieber gestellt. Um den korrekten Stand zu trainieren, werden die Beine dann in die richtige Position geschoben. In der Regel wird mit dieser Box schon im Welpenalter trainiert, um den Hunden den korrekten Stand mit dieser Hilfe anzutrainieren.

Wir erwähnen diese Methode eher der Vollständigkeit halber und empfehlen sie nicht unbedingt. Wer mit ihr arbeitet, der sollte in jedem Fall schon über viel Erfahrung im Ausstellen verfügen und genau wissen, wie der perfekte Stand für die eigene Rasse auszusehen hat.

Tipp

Üben Sie schon mit dem jungen Hund spielerisch, sich überall anfassen und manipulieren zu lassen – so wird er es nicht unangenehm finden, wenn Sie seine Beine in Position stellen oder der Richter ihn abtastet. Lassen Sie Freunde und Familie immer wieder den jungen Hund anfassen, während dieser kräftig gelobt und gefüttert wird, so wird ihm das Angefasst werden auch im Ausstellungsumfeld keine Angst machen. Gewöhnung und positive Erfahrungen sind in diesem Bereich von unschätzbarem Wert und erleichtern das spätere Finetuning ungemein.

Die Gefahr, dass man mit dieser Methode die Gelenke überstreckt und dadurch einen falschen und mitunter ungesunden Stand trainiert, ist für ungeübte Handler aus unserer Sicht deutlich zu groß. Hinzu kommt, dass der Hund hier selbst nicht so schnell ein Gefühl dafür entwickeln kann, was von ihm erwartet wird.

Das perfekte Laufen

»Laufen kann mein Hund, da müssen wir nichts üben« wird der ein oder andere sich jetzt vielleicht denken. Aber: Weit gefehlt! Denn das korrekte Laufen in der Ausstellung hat herzlich wenig mit dem zu tun, was Hund und Mensch in Alltag oder Hundeschule zeigen.

Wie man als Mensch lernen kann, seinen Vierbeiner korrekt im Ring zu führen, darauf werden wir später noch eingehen. Wichtig ist an dieser Stelle zunächst: Wie soll der Hund sich bewegen? Auch hier gilt zuallererst: Werfen Sie einen Blick in den Rassestandard und suchen Sie sich passende Videos.

Grundsätzlich sollte der Hund in zügigem Tempo mit ausgreifenden Schritten laufen. Ein fließender Trab ist hier die gewünschte Variante, denn nicht nur ein zu langsames, auch ein deutlich überhöhtes Tempo kann bei verschiedenen Rassen das harmonische Gesamtbild zerstören. Wichtig ist immer, dass der Hund nicht in kleine Galoppsprünge fällt, vor Übermut in die Leine beißt, während der Vorführung am Menschen hochspringt oder stark an der Leine zieht.

Für die Hundesportler kann das mitunter auch bedeuten: Der Hund soll kein striktes »bei Fuß« zeigen! Auch das ist alles eine Frage der Übung.

Es empfiehlt sich mal wieder der Griff zu Videokamera oder Handy, um die Bewegungen aufzuzeichnen. Besonders achtgeben sollte man beim Training nämlich darauf, dass der Hund nicht in einen sogenannten Passgang fällt. Beim Passgang bewegt der Hund sowohl das vordere als auch das hintere Bein derselben Körperseite gleichzeitig. Diese Art der Fortbewegung ist beim Hund immer unnatürlich und will dementsprechend auch von keinem Ausstellungsrichter gesehen werden.

Flottes Tempo ist also angesagt und will selbstredend vorab ordentlich eingeübt werden. Es geht jetzt erstmal allgemein ums Laufen und wie immer um den Star im Ring: Ihren Hund.

Sollte dieser in die Kategorie Kleinsthund fallen, dann brauchen Sie nicht aus der Puste geraten. Wenn die kleinsten anfangen zu traben, sind Sie als Mensch für gewöhnlich nur in einem recht ausgreifenden, zügigen Gehen zu sehen.
Denn wie gesagt: Dann, wenn der Hund in einen schönen, ausgreifenden Trab verfällt, ist das richtige Tempo erreicht. Sie passen Ihr Tempo also dem des Hundes an und das kann schonmal schwierig werden.

Ein Greyhound sieht zum Beispiel umso schöner aus, je flotter er traben darf – da dürfen Ihre Schritte durchaus etwas ausgreifender werden, damit Sie nicht zu angestrengt neben ihm her hetzen. Wie immer haben Sie sich im ersten Schritt damit auseinandergesetzt, was für Ihren Hund ein rassegerechtes Tempo ist.

Der langhaarige Flat Coated mit viel Schwung und Freude, der Greyhound mit Tempo, der Border Collie zügig und fließend und der Deutsche Schäferhund mit deutlichem Zug nach vorne.

Jede Hundegröße hat ihre eigenen Herausforderungen beim Lauftraining.

Es mögen zwar alles Hunde sein, die ausgestellt werden, aber wie sie sich zeigen sollen, das ist von Rasse zu Rasse ein klein wenig unterschiedlich. Allen gemein ist aber, dass das Tempo zwar zügig bis schnell ist, aber immer im Trab – nicht im Galopp und nicht so langsam, dass der Hund hinterhergezogen werden muss, aber auch nicht so schnell, dass er anfängt zu »eiern« oder unrund zu laufen, weil er gerne rennen möchte, davon aber durch die Leine wieder abgehalten wird.

Bis zu einem gewissen Grad müssen Sie sich ohnehin dem Hund anpassen, denn letztlich haben Sie ihn ja an der Leine und man will weder sehen, wie der gesamte Hundekörper nach vorne preschen will, dabei aber zurückgehalten wird, so dass sich der Kopf wie bei einem armen eingeschnürten Pony nach unten biegt; noch will man sehen, wie der Handler auf Biegen und Brechen versucht, den Hund zu mehr Tempo zu bewegen und ihn dadurch quasi mit sich schleift.

Was hilft? Wie immer:
Training, Training, Training.

Üben Sie das Laufen an der Leine mit dem Hund, animieren oder bremsen Sie ihn. Animieren geht bestens mit motivierenden Worten oder Spielzeug, das Abbremsen mit ruhigen Tönen und anfänglich sehr kurzen Wegen. Wenn der Hund dazu neigt, sofort in die Leine, Hände oder Füße zu beißen, wenn Sie mit ihm loslaufen: Brechen Sie sofort ab.

Gehen Sie kleinschrittig vor und laufen erstmal nur wenige Schritte, damit ein junger oder übermotivierter Hund gar keine Gelegenheit hat, sich so extrem darüber zu freuen, dass es endlich gemeinsame Action gibt, dass er sich nicht zügeln kann.

Vorher ausgedehnt spielen kann auch schon ein bisschen Energie rausnehmen und kündigen Sie dem Hund an, was als nächstes passiert – so weiß er, dass auch diese Art des Laufens nicht nur Spaß, sondern durchaus Arbeit ist. Bestätigen Sie ihn anfangs immer dann, wenn er schön neben Ihnen läuft, denn auch hier gilt: Der Hund muss erst einmal lernen, was Sie von ihm erwarten, damit er dieses Verhalten in sein Repertoire aufnehmen kann.

Schaut man sich auf Ausstellungen die erfolgreichen Hunde an, so lässt sich eins feststellen: Sie laufen kraftvoll und ohne Energieverschwendung in einem schönen Trab. Genau das ist das Ziel. Schauen Sie sich einmal ein paar Videos zum Beispiel von Siegern der Crufts Dog Show auf Youtube an – Sie werden sehen, was damit gemeint ist.

Eine Frage der Leine

Um den Hund korrekt führen und stellen zu können, ohne dass dabei zu viel vom Hund durch eine Kordel verdeckt wird, empfiehlt sich der Erwerb einer Ausstellungsleine.
Diese ist eine Kombination aus Leine und Halsband, relativ kurz (ca. 120 cm) und sehr dünn.
Sie wird zum korrekten Hinstellen und für die perfekte Kopfhaltung, knapp unterhalb der Ohren am Hals angelegt und nicht bis fast zur Brust runtergeschoben.

Wie immer gilt aber auch hier: Bei manchen Rassen (vor allem im Arbeitshundebereich) gibt es andere Herangehensweisen und es wird zum Beispiel mit etwas dickeren Lederleinen oder Leinen mit Kettengliedern ausgestellt.

Beispiel für eine Showleine aus Leder.

Wenige Rassen (wie es zum Beispiel bei den Retrievern der Fall ist) werden zudem mit der Leine bzw. der Halsung am unteren Hals respektive oberen Brustbereich ausgestellt. Wie immer also: Machen Sie sich mit den individuellen Gepflogenheiten was Ihre Rasse betrifft vertraut und arbeiten Sie diese kleinen Änderungen in unsere allgemeingültigen Tipps ein.

Aber generell heißt es für alle: Die Farbe der Leine muss zum Hund passen. Schwarze Leine für schwarzen Hund, braune für braunen, weiße für weißen und so weiter. Sollte der Hund mehrfarbig am Hals sein gilt: Die Farbe, die hier überwiegt, ist die Farbe der Wahl – die Halsung soll mit dem Hundefell verschmelzen und keinen störenden Kontrast bilden.

Wer mehrere Hunde in verschiedenen Farben ausstellen möchte, der kann nicht eine Leine für alle nehmen. Ob man sich für Nylon oder Leder entscheidet, ist persönliche Geschmackssache.

Dünne Kettengliederleinen sind bei vielen Handlern beliebt. Wenn Sie eine solche Leine verwenden möchten, achten Sie unbedingt darauf, dass sie über einen Zugstopp verfügt, damit der Hundehals nicht gequetscht wird und Sie so Ihrem Vierbeiner die Luft abschnüren. Zudem gibt es einige Länder, in denen der Einsatz solcher Leinen verboten ist. Prüfen Sie also vor der Ausstellung, ob es spezielle Regelungen zum Einsatz dieser Art Vorführleine gibt.

Richtig: Die Ringe sind so eingehakt, dass die Halsung sich nicht zuziehen kann.

Falsch: Ohne Stopp könnte der Hund gewürgt werden.

Ob man eine Leine mit Kehlschutz verwendet, ist ebenfalls abhängig vom eigenen Geschmack und der individuellen Empfindsamkeit des Hundes. Zu speziell diesem Thema hier noch paar Gedanken, die wir Ihnen mit auf den Weg geben möchten: Die Kehlschutzleine ist besonders gut geeignet, wenn man sehr junge Hunde ausstellt, da sie sich nicht in den Hals einschneidet, sollte der Hund doch mal kurz ziehen. Zudem eignet sie sich hervorragend, um sehr zierliche oder am Hals empfindliche Rassen, wie Italienisches Windspiel oder Nackthundrassen, wie Xoloitzcuintle, vorzuführen. Für sehr große, schwere Rassen wird diese Art Leine eher nicht in Frage kommen, da man mit dieser Leine den Hund kaum halten kann. Und auch bei langhaarigen Hunden ist der Kehlschutz keine gute Variante, da er das lange Fell am Hals zusammendrückt und so zu einer ungünstigen Silhouette führt.

Lefzen und Gebiss sind für den Richter perfekt zu sehen, sowohl von der Seite ...

... als auch von vorne.

Zähne zeigen

Das geduldige Zeigen der Zähne gehört immer mit zur Begutachtung durch den Richter. In der Regel wird hier durch Anheben der Lefzen geschaut, ob alle Zähne korrekt vorhanden sind. Bei manchen Rassen wird zudem überprüft, ob die Zunge die gewünschte Färbung hat – das gilt beispielsweise für Shar Peis oder Chow Chows, bei denen die Blaufärbung der Zunge zum Rassestandard gehört und daher deutlich sichtbar sein muss. Bei allen anderen Rassen reicht es aber, wenn der Hund gelernt hat, sich in Ruhe die Lefzen anheben und von einer fremden Person nah am Gesicht den Zahnstatus nachschauen zu lassen. Entsprechend ist es also unabdingbar, vorab daran zu arbeiten, dass der Hund sich das Maul ohne zu murren von Fremden begutachten lässt, und zwar so, dass alle Zähne betrachtet und gezählt werden können.

Das heißt, wir sprechen hier nicht von drei Sekunden, in denen die Lefzen vorsichtig hochgezogen und nach einem Wimpernschlag wieder alles lockergelassen wird. Je nach Richter und Zustand des Gebisses, kann es schon eine Weile dauern,

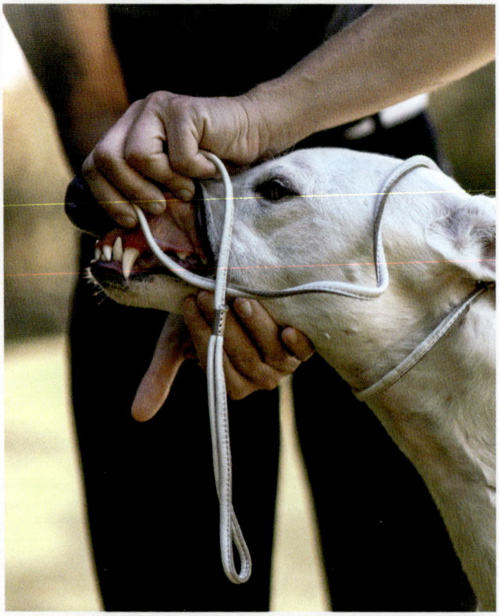

Hand und Leine verdecken das Wesentliche.

So ist für den Richter nichts zu erkennen.

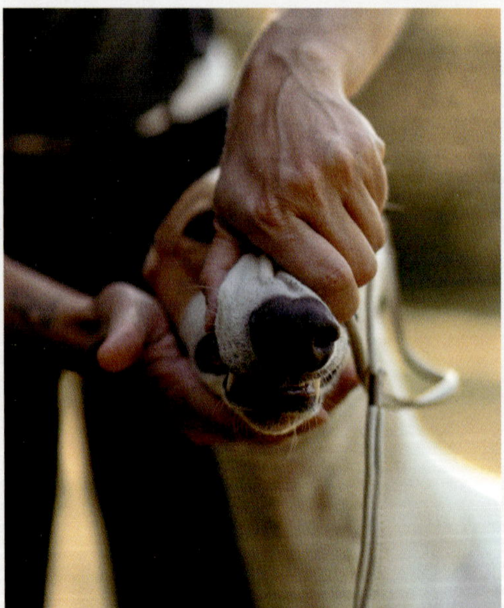

bis der Hund fertig mit diesem Teil ist. Entsprechend gilt es auch hier: Täglich kurz trainieren und so früh wie möglich damit anfangen. Wenn der Hund schon als Welpe gelernt hat, dass es nicht schlimm ist, wenn am Maul rumgedoktert wird, dann wird er das auf einer Ausstellung im Profimodus über sich ergehen lassen.

Korrekt sieht das ganze Prozedere dann so aus, dass man als Handler am Kopf des Hundes steht (natürlich so, dass man vom Richter aus gesehen hinter dem Hund ist, damit man nichts vom Kopf verdeckt). Dann fasst man mit der linken Hand über den Fang und zieht die Lefzen so hoch, dass die komplette Zahnseite freiliegt. Zugleich fasst man mit der rechten Hand unter den Fang, so dass man den Kopf stabilisieren kann.

Üben Sie anfangs täglich in kleinen Schritten nur das kurze Anheben der Lefzen auf beiden Seiten und loben Sie den Hund kräftig dafür, wenn er dabei stillhält. Wenn er das sehr gut und ohne Zucken oder Murren mitmacht, dann ziehen Sie im nächsten Schritt die Lefzen etwas weiter hoch, so dass man einen guten Blick auf die Zähne hat.

Loben Sie ihn für die Mitarbeit und beenden Sie die Übung anfangs möglichst schnell. Im weiteren Verlauf der täglichen Trainingseinheit verlängern Sie die Dauer des Hochziehens und des Stabilisierens. Sobald der Hund das von Ihnen sehr gut machen lässt, gehen Sie dazu über, dass zunächst dem Vierbeiner bekannte Menschen Ihnen bei dieser Übung assistieren und beim Hund mit viel verbalem Lob die Zähne anschauen.

Im letzten Schritt lassen Sie diese Übung von wenig vertrauten oder fremden Personen durchführen.

Bei Steh- und Berührübungen lässt sich zugleich erkennen, ob Gewicht und Muskulatur okay sind.

Wichtige Kleinigkeiten

Die Optik

Ja, die Optik ist das wesentliche Kriterium einer Hundeausstellung. Doch auch, wenn man sich sicher ist, dass der Hund scheinbar perfekt aussieht, gemessen am Regelwerk seiner Rasse, so gibt es doch für jeden noch etwas zu tun, bevor der große Tag startet. Fangen wir mit den Speckpölsterchen oder dem etwas zu mageren Tier an.

Nicht jede Rasse hat dieselben Ansprüche, wenn es um die Ausprägung der Muskulatur oder das Pölsterchen über den Rippen geht. Grundsätzlich gilt aber: Der Hund sollte weder zu dick noch zu dünn sein und über eine gute Muskulatur verfügen. Wenn hier etwas im Argen liegt, dann reicht es nicht, erst am Tag vorher mit der Diät, dem Sportprogramm oder dem Zufüttern anzufangen. Der Richter wird nicht nur sehen, sondern vor allem auch fühlen, was zu viel oder zu wenig ist!

> Als Faustregel gilt für die meisten Hunderassen: Wenn die Rippen durch leichten Druck beim Über-die-Seite-Streichen gut ertastbar sind, ist es perfekt. Eine Speckschicht, unter der man erst auf deutlichen Druck den Knochen spürt, ist bei allen Rassen zu viel. Das sehen der Rippen kann jedoch bei manchen Hunderassen (vor allem bei windhundartigen) durchaus erwünscht sein. Als Kenner Ihrer Rasse haben Sie sich aber natürlich vorab informiert!

Jeder Hund braucht seine Freiheiten, seinen Auslauf und seinen Spaß. Das gilt auch für die Schönheitsköniginnen und -könige unter ihnen. Dass sich hierbei mal ein Blatt, ein paar Kletten oder Reste des letzten Matschbades nicht vermeiden lassen, gehört zum Leben mit Vierbeinern dazu.

Dass man die Überreste des letzten Abenteuerausfluges zusammen mit gerade abgestorbenen Haaren vor der Ausstellung entfernt, sollte aber selbstverständlich sein.

Also: Am Tag vorher nochmal ran an die Bürste oder sogar ab unter die Dusche, damit der Hund möglichst sauber und adrett im Ring erscheint. Ein letztes Durchkämmen, bevor es in den Ausstellungsring geht, kann auch nicht schaden – gerade bei etwas längerem Fell liegen so wirklich alle Haare perfekt.

Achten Sie bei langhaarigen Hunden auch besonders darauf, dass die Haare im Po- und Schwanzwurzelbereich nicht beschmutzt sind, wenn sie kurz nach Ankunft am Ausstellungsgelände nochmal ausgiebig Gassi waren. Führen Sie immer einen kleinen Kamm und Feuchttücher mit, damit im Zweifelsfall noch eine Säuberung der verschmutzten Haarsträhnen erfolgen kann.

Bei Hunden mit längerem Fell ist außerdem darauf zu achten, dass sich keine Verfilzungen besonders hinter den Ohren oder im Bereich der Hosen (die längere Behaarung an den Hinterbeinen) befinden. Diese sollten in jedem Fall vorsichtig ausgekämmt und nicht rabiat weggeschnitten werden. Auch gepflegte und gekürzte Krallen gehören nicht nur zur Gesunderhaltung, sondern sind auch Bestandteil der bestmöglichen Optik.

Achtung

Bei Hunderassen, die von ihrer Fellart und -struktur regelmäßig dem Hundefriseur zum Trimmen, Schneiden oder Rasieren vorgestellt werden, kann es ratsam sein, die Haarpflege etwa 2 Wochen vor der Ausstellung vornehmen zu lassen. Achten Sie unbedingt darauf, dass der Profi die Haare entsprechend dem Rassestandard in Form bringt und sich nicht nur an den gerade angesagten Trends versucht. Im besten Fall immer kurz mit dem eigenen Züchter Rücksprache halten, wozu dieser rät.

Hier also rechtzeitig feilen und/oder abknipsen. Aber aufpassen, wenn Sie sich an den Pfoten zu schaffen machen: In so manchem Rassestandard ist das lange Fell zwischen den Zehen ausdrücklich erwünscht, während andere es durchaus kürzen können. Informieren hilft auch hier!

Dem wunderschönen weißen Gebiss sollte man von Anfang an ein besonderes Augenmerk verleihen. Wie bereits erwähnt, wird eben jenes vom Richter gesondert inspiziert und je schöner und sauberer, umso besser der gesamte Eindruck. Schon ab Junghundalter regelmäßig die Zähne zu putzen, um damit Zahnverfärbungen und Zahnstein vorzubeugen, lässt sich bestens mit der Übung des Gebisszeigens kombinieren.

Hunde mit ungepflegten Zähnen werden häufig mit einer schlechteren Bewertung aus dem Ring geschickt – hier kann man also sehr gut proaktiv dran arbeiten, um das zu vermeiden.

Bei allen optischen Attributen gilt:
Der Hund muss rasseentsprechend vorbereitet werden!
Wenn Sie diesen, so oft von uns wiederholten Leitsatz beherzigen, kann in diesem Punkt eigentlich nichts schief gehen.

Wichtig

Sollte Ihr Hund eine frische Verletzung haben, lassen Sie sich diese unbedingt vom Tierarzt attestieren und führen Sie das Attest mit sich. Speziell solche Verletzungen, die Zähne, Ohren oder Rute betreffen, sollten sofort dokumentiert werden, damit klar ist, dass ein eventueller Zahnverlust, ein Knick in der Rute oder ein Riss am Ohr nicht seit Geburt besteht und erblich bedingt ist. Wie eingangs erwähnt, können solche Fehler zum Ausschluss des Hundes aus Ausstellungen und damit dem Zuchtgeschehen führen, wenn nicht gesichert ist, dass diese »Fehler« einem Unfall geschuldet sind. Bei Verletzungen, die nicht mehr heilen können (wie eben ein fehlender Zahn) ist entsprechend auch der Zuchtverein zu informieren.

Vorbereitung Mensch

Der Hund ist der Star im Ring und sollte von seinem Menschen so gut wie möglich darin unterstützt werden, seine Vorzüge zu zeigen. Damit der Zweibeiner den Blick nicht vom Hund ablenkt oder ihn versehentlich in ein ungünstiges Licht rückt, gibt es einiges zu beachten.

Vom richtigen Laufen bis hin zur perfekten Kleidung gilt es, einigen Fallstricken auszuweichen, damit die besten Seiten des Hundes nicht in den Hintergrund geraten.

Showlaufen muss immer und immer wieder geübt werden.

Handling will gelernt sein

Mit dem Hund am korrekten Stand, dem Stehenbleiben und dem sich Anfassen lassen zu arbeiten, das ist für die meisten Menschen sehr einleuchtend. Schwieriger wird es, den Zweibeinern zu vermitteln, dass auch Sie allein an sich arbeiten müssen. Und zwar dann, wenn es ums Laufen geht.

Ja, richtig gehört: Das richtige Laufen mit der korrekten Handhaltung ist alles, aber nicht einfach und vor allem läuft so, wie man sich im Ring bewegen sollte, kein Mensch.

Achten Sie bei Ausstellungsvideos mal nur auf die Hand- und Körperhaltung des Menschen – Sie werden feststellen, dass es bei den besten Handlern durchaus gestelzt und ein bisschen unnatürlich aussieht, der Hund aber umso eleganter in Bewegung ist.

Auch hier vorab der Tipp: Lassen Sie sich einmal mit Hund filmen, wenn Sie gemäß der eigenen Vorstellung den Hund so führen, als wären Sie im Ausstellungsring und vergleichen Sie diese Aufnahmen nach einigem Üben – Sie dürften erstaunt sein, wie anders sie aussehen und laufen und korrespondierend dazu der Hund in seiner Bewegung wirkt, wenn Sie Ihre Haltung und Gangart nach einigem Training angepasst haben.

Perfekt wäre auch hier wieder, sich mit einem Profi zusammenzutun und sich mit direktem Feedback an die Haltungsschulung zu begeben.

Im Kleinen können wir aber auch hier Tipps geben, die dabei helfen, die eigene Körperhaltung bezogen aufs Ausstellen zu verbessern.

Generell gilt: Eine aufrechte, stolze und zugewandte Körperhaltung zeigt allen Außenstehenden und vor allem dem Richter, dass Sie zufrieden mit und stolz auf Ihren Hund sind. Strahlen Sie mit jeder Pore aus: Mein Hund ist der schönste und beste und ich weiß das!

Wer schlurfend, mit hängenden Schultern, unsicherem Gang und verschüchtert durch den Ring schleicht, der wird leider nicht besonders positiv wahrgenommen. Außerdem überträgt sich die eigene Haltung auf die innere Einstellung und von dieser wiederum lässt sich auch der Hund anstecken. Siegeswillen und die Überzeugung, dass der eigene Hund großartig ist, lassen sich an Ihrem Auftritt erkennen.

Beim selbstbewussten Laufen ist eine aufrechte, gerade Körperhaltung gefordert. Das Lächeln im Gesicht sollte selbstverständlich sein – so bekommt die positive Ausstrahlung noch mehr Gewicht. Beim Laufen ist der eigene Blick nach vorne gerichtet (zwischendurch sollte man aber immer mal auf den Hund schielen, um sicherzugehen, dass da auch alles noch stimmig ist und er nicht gerade anfängt zu galoppieren).

Als wäre das noch nicht genug, sollten Sie trotz aller Konzentration auf den eigenen Lauf und den eigenen Hund immer auch auf die Umgebung achten und auf das, was Ihre Mitaussteller und der Richter so treiben. Man möchte weder verpassen, wenn der Richter oder das Ringpersonal etwas mitteilen, noch auf das vordere Gespann auflaufen oder anderen Teams im Weg sein. Besonders Anweisungen durch den Richter oder seine Helfer können sehr schnell kommen und da will man definitiv nicht der letzte sein, dem auffällt, was als nächstes zu zeigen ist.

Zur Handhaltung:
Die Vorführleine wird immer in der linken Hand gehalten. Dabei ist sie so aufzuwickeln und in der Hand zu verstecken, dass nichts störend herunterhängt.
Also: Das Endstück mit Handschlaufe und allem, was bei straff gehaltener Leine zu viel ist, wird in der Hand versteckt! Unbedingt üben, wie das für einen selbst am schnellsten und unkompliziertesten geht. Alles, was überhängt, könnte den Hund stören, ihn zum Reinbeißen animieren oder anderweitig ablenken. Zudem wird das flüssige Laufbild natürlich gestört, wenn ein freischwingendes Leinenstück ständig herumfliegt.

Korrektes Falten und Halten des Leinenendes.

Winkel, Spannung und Handhaltung sind hier perfekt.

Ein trauriger Anblick, wenn »alles« so lustlos runterhängt.

So lässt sich kein Hund gut ausstellen.

Der Führarm sollte im Ellenbogengelenk eine 90 Grad Winkelung haben – ordentlich Spannung im Arm sorgt dafür, dass der Arm sich nicht zu hektisch beim Laufen mitbewegt. Der Hund soll zwar gut gelenkt werden, aber der Arm sollte möglichst ruhig in Position bleiben, damit der Lauf nicht zu hektisch wirkt. Hier die richtige Position und das Bewegen ohne zu viel Spielraum und Hektik im Arm anfangs unbedingt ohne Hund üben!

Der Laufschritt:
Dieser ist abhängig von der Größe des vorgeführten Hundes. Ein sehr kleiner Hund muss schon ziemlich Gas geben, wenn sein Mensch schnell geht – hier also eher in einen zügigen Schritt verfallen. Mittelgroße und große Hunde fordern mehr körperlichen Einsatz von ihrem Handler. Sie zeigen erst bei einem schönen Laufschritt des Menschen den raumgreifenden Trab, den sie zeigen sollen. Um nicht wie ein Trampeltier neben dem elegant federnden Hund zu wirken, muss aber auch als Mensch an der richtigen Technik gefeilt werden. Es funktioniert leider nicht einfach loszurennen und zu hotten, dass das gut aussieht. Vielmehr muss man als Mensch darauf achten, dass man beim Laufen sehr gut in die Knie geht, damit der Schwung schön abgefedert wird. Der eigene Laufstil sollte leicht, federnd und elegant sein. Recht große Schritte zu machen hilft, einen schönen Stil zu entwickeln. Viele kleine Trippelschritte sehen leider nie gut aus, da sie eine gewisse Hektik vermitteln und von wenig Harmonie zeugen.

Auch hier gilt wieder: Erst einmal ohne Hund üben und eine Videoaufzeichnung machen, um sich den Lauf selbst (und möglichst kritisch) anzuschauen.

So soll Körperspannung in Bewegung aussehen ...

... Spannung beim Stoppen halten ...

Lauf-Arm-Übung:

Um nun Armhaltung und Laufstil zusammenzubringen, empfiehlt sich die Wasserglasübung. Hierzu den linken Arm in die 90-Grad-Winkelung bringen, ordentlich anspannen und ein volles Wasserglas in die Hand nehmen. Nun langsam loslaufen und dabei auf raumgreifende Schritte und eine schöne Federung in den Knien achten. Je besser man es schafft, die Knie abfedern zu lassen und die Spannung im Arm zu halten, je weniger Wasser wird verschüttet. Wenn diese Übung gut klappt, dann kann man im nächsten Schritt dazu übergehen, das ganze Prozedere mit dem angeleinten Hund zu wiederholen. Was der rechte Arm beim Laufen macht, ist übrigens relativ egal – er sollte nur nicht wild hoch und runterschwingen, um das harmonische Bild nicht zu zerstören.

... und weiter mit vollem Glas.

Ohne Körperspannung schwappt das Glas über.

Die Figuren im Ring: Kreis, Einzellauf und Dreieck

Grundsätzlich führt man den Hund im Ring sowohl in der Gruppe als auch nochmal einzeln vor. Immer gilt: Gelaufen wird gegen den Uhrzeigersinn und da der Hund immer links geführt ist, befindet er sich immer innen, also so, dass der Richter ihn in seiner ganzen Pracht sehen und bewerten kann.

Was der Richter sehen will, wird durch ihn beziehungsweise den Stewart angesagt – also immer ein Ohr in Richtung der Personen im Ring haben, um nichts zu verpassen. Meist wird mit der Gruppe begonnen. Das heißt: Entsprechend der Startnummern laufen die Handler mit ihren Hunden im Kreis um den Richter herum, der sich alle Hunde dabei genau ansieht. Wenn Sie nicht als erstes loslaufen, dann warten Sie ab, bis der

Abstand zum Vordermann groß genug ist, um Ihren Hund im besten Tempo zu zeigen. Sollte die Startnummer hinter Ihnen von der allzu fixen Sorte sein und zu schnell und zu dicht aufschließen, vergrößern Sie den Bogen, den Sie laufen ein wenig nach außen, um wieder genügend Abstand herzustellen (dasselbe gilt, wenn Sie merken, dass das Mensch-Hund-Gespann vor Ihnen plötzlich langsamer wird oder Sie das Tempo falsch eingeschätzt haben). Es wird so lange im Kreis gelaufen, bis der Richter die Gruppe anhalten lässt.

Als nächstes kommt es zu den Einzelbewertungen. Hierzu bittet der Richter darum, dass die einzelnen Hunde direkt vor dem Richtertisch aufgestellt werden, damit er den Stand begutachten kann.

Es kann sein, dass er die Anweisung gibt, dass der einzelne Hund nochmal allein im Kreis läuft und/ oder er Handler und Hund einmal hoch und runter (respektive von ihm weg und auf ihn zu) laufen lässt, damit er den Bewegungsablauf auch von vorne und hinten besser sehen kann.

Hierbei läuft man etwas langsamer, als es in der Gruppe ist und zwar: Einmal gerade vom Richter weg (soweit der Platz es zulässt), dreht sich und läuft wieder möglichst gerade auf den Richter zu. Beim Wenden ist darauf zu achten, dass der Hund möglichst gerade ausgerichtet ist, bevor es wieder auf den Richter zugeht. Im Abstand von etwa zwei Metern vor dem Richter heißt es dann anhalten – man will dem Juror schließlich nicht zu nah auf die Pelle rücken.

Begutachtung durch den Richter ...

... weg vom Richter ...

... Wendung einleiten ...

... elegante Drehung ...

... zurück auf den Richter zu ...

... im richtigen Abstand erneute Präsentation.

Das ist nicht nur unhöflich, sondern nimmt ihm auch die beste Sicht auf den Hund. Bei diesem Anhalten sollte der Hund so in Position gestellt werden, dass er den besten Eindruck macht: Hat der Hund zum Beispiel den perfekten Kopf, dann am besten so anhalten, dass der Hund gerade frontal ausgerichtet ist. Ist der Vierbeiner perfekt proportioniert und lässt sich schnell und sauber hinstellen, dann kann man gerne so anhalten, dass der Hund seitlich zum Richter steht. Nach dem Hoch- und Runterlaufen sollte man die Möglichkeit unbedingt ergreifen, den Hund nochmal so zu zeigen, wie er am besten aussieht und seine Vorzüge am deutlichsten erkennen lässt.

Nutzen Sie die Chance, die Schokoladenseiten Ihres Hundes in den Fokus zu rücken. Sollte der Richter noch unschlüssig sein, welchen Hund er für den besten hält, so kann er dazu auffordern, dass die beiden Kontrahenten nebeneinander hoch- und runterlaufen, damit er sie im direkten Vergleich sieht.

Entsprechend sollte auch das parallel mit einem anderen Hund laufen vorher geübt werden! Der eigene Hund sollte sich nicht dadurch irritieren lassen, dass direkt neben ihm noch ein weiteres Hund-Mensch-Gespann läuft – das könnte sonst tatsächlich die Bestbewertung kosten.

Das ist definitiv zu dicht aufgelaufen.

So sollte der Abstand zwischen den Hunden sein.

Möglichst in gerader Linie laufen und nicht schräg in den Mitaussteller rein.

In schönem Abstand in gerader Linie nebeneinanderher. So geht's.

Eine Figur, die innerhalb Deutschlands selten gezeigt werden muss, ist das sogenannte **Dreieck**. Da sie aber regelmäßig auf Shows im Ausland abgefragt wird, sollte man das Prozedere als Handler durchaus kennen und beherrschen.

Bei dieser Figur, die einzeln gezeigt wird, läuft man wieder so los, dass man kurz vorm Richter startet und gerade in die obere, rechte Ringecke läuft. Hier wendet man (entweder so, dass man einen kleinen Kreis läuft, bei dem der Hund immer innen bleibt oder so, dass man sich zum Hund eindreht und der Hund dicht hinter einem vorbei wieder auf die linke Seite läuft). Nun läuft man gerade in die linke hintere Ecke und von dort wieder gerade auf den Richter zu.

Bei dieser Figur kann der Richter das Gangwerk des Hundes besonders gut in Augenschein nehmen, da er es sowohl von hinten, von der Seite als auch von vorne perfekt begutachten kann. Auch hier gilt es, zum Abschluss wieder die für den Hund beste Endpose einzunehmen.

Solange man sich mit dem Hund im Ring aufhält, darf man nicht vergessen, dass man in einer Show ist. Das heißt: Egal ob man gerade dran ist oder der Richter mit einem anderen Hund beschäftigt ist – jede Pose und jeder Schritt, bei Mensch und Hund, bleiben konzentriert. Jede Minute im Ring zählt!

Beim Dreieck erst in die eine Ecke ...,

... dann einen Winkel beschreiten und in die nächste Ecke laufen.

Kleider machen Champions

Gut, soweit können wir jetzt nicht gehen und behaupten, dass die richtige Klamotte allein dabei hilft, dass der Hund erfolgreich ist.

Aber stellen Sie sich vor, Sie sind der Ausstellungsrichter und haben zwei Hunde derselben Rasse in derselben Klasse, die beide beinah gleichwertig begutachtet wurden. Einen von diesen beiden sollen Sie nun zum Sieger machen, was bedeutet, dass er in einem nächsten Schritt vor Ihren Richterkolleginnen und -kollegen nochmal antreten darf.

Fällt nun Ihre Entscheidung eher auf den Hund, dessen Mensch sich augenscheinlich Mühe

> **Faustregel**
>
> Die Kleidung sollte sich vom Hund abheben, so dass dieser nicht mit dem Menschen im Hintergrund »verschwimmt«. Also: Bei schwarzem Hund keine schwarze Kleidung. Und auch nicht zu wild gemustert – je mehr Farben der Hund hat, je weniger hat die Kleidung. Es gilt: Stilvoll, elegant und dabei so, dass es nicht vom Hund ablenkt.

So ist es richtig: Das Outfit des Menschen hebt Farbe und Statur des Hundes hervor.

Richard L. Paul/Shutterstock.com

gegeben hat, damit die eigene Optik dem Anlass angemessen ist? Oder eher auf den Hund mit der Person, die morgens allem Anschein nach das Erstbeste aus dem Kleiderschrank gezogen hat und nun im Schlabberlook mit ausgetretenen Sneakern im Ring steht? Vergessen Sie nicht: Als Richterin oder Richter sind Sie, genau wie Ihre Kolleginnen und Kollegen, stets in Anzug oder Kostüm anzutreffen, um auch ihrerseits den stilvollen und ernsthaften Charakter der Veranstaltung zu unterstreichen.

Tipp

Keine störenden Accessoires zum Ausstellen tragen. Lange Ketten oder Ohrringe können sich beim Stacken vor den Hund hängen und sowohl diesen als auch den Richter ablenken. Auch kann das Bling-Bling von zu viel Geglitzer am Menschen wieder den Blick vom eigentlichen Star ziehen.

Dasselbe gilt auch für die Frisur:
Lange Haare sind bitte zusammenzubinden. Nicht selten hängt das Haupthaar des Menschen beim korrekten Hinstellen sehr ungünstig und wie ein Vorhang vor oder neben dem Hund.

Und auch beim Make-up gilt:
Weniger ist mehr – die neuesten Neon-Trends und Smokey Eyes dürfen dann gerne zur Siegesfeier nach der Show aufgelegt werden.

Sie entscheiden sich also aller Wahrscheinlichkeit nach für den Hund, dessen Begleitung ebenfalls ein paar Gedanken in eine angemessene Garderobe investiert hat und genau das sollten Sie an dieser Stelle auch tun. Was ziehe ich also an, damit ich meinen Hund richtig in Szene setze?

Doch nicht nur die Farbe, die den Hund kontrastieren sollte, sondern auch der Schnitt spielen eine Rolle. Walle-Walle-Looks, die wunderbar im Wind flattern, sind sicher gut geeignet, um bei hohen Temperaturen am Strand zu spazieren. Solche Kleidung lenkt aber nicht nur vom Hund ab, sie lenkt potenziell auch den Hund selbst ab.

Entsprechend sollte man also zu Kleidung greifen, die körpernah ist, ohne dabei zu aufreizend zu wirken. Zu kurze Röcke oder ein zu tiefer Ausschnitt haben sicher ihre Daseinsberechtigung, kommen aber auf traditionsreichen Veranstaltungen, wie Hundeausstellungen es nun mal sind, nicht uneingeschränkt gut an. Röcke und Kleider dürfen gerne sein, aber dann bitte knielang – denn wie gesagt: Es sollte nichts von der Schönheit Ihres Hundes ablenken!

Wer Gefallen am Leben auf dem Ausstellungsgelände findet, der wird früher oder später mitbekommen, dass die besonders stilsicheren Damen unter den Handlern eine eigene Garderobe angeschafft haben, die ausschließlich für diesen Zweck angefertigte Kleider beinhaltet. Ja, es gibt in der Tat Schneidereien, bei denen man sich passend zum Hund das farblich perfekte Kleid anfertigen lassen kann.

Die Herren haben es in diesem Segment (wie so oft) bedeutend einfacher: Ein gut sitzender Anzug oder eine farblich passende Hose mit Hemd und

Sakko sind leicht zu finden und hängen ohnehin in beinahe jedem Kleiderschrank.

Bleibt noch die Frage nach den Schuhen: Das Schuhwerk sollte nicht nur bequem und gut zum Laufen sein, es sollte auch optisch ein wenig zum Rest passen. Nicht »oben hui und unten pfui«, indem Sie ein geschmackvolles Kostüm zu alten, ausgelatschten Turnschuhen kombinieren. High Heels sind nicht zu empfehlen, denn selbst geübten Trägerinnen dürfte es schwerfallen, auf grasigem oder sehr rutschigem Untergrund darin Haltung zu bewahren. Entscheiden Sie sich für flache Schuhe mit gutem Profil, in denen Sie problemlos laufen können und die optisch so gut wie möglich zum Outfit passen.

Casual Look für die Freizeit, aber nicht für die Hundeshow.

Merke: Mit der Wahl des gesamten Stylings zollt man dem Richter, den Veranstaltern und den anderen Teilnehmern gegenüber seinen Respekt.

Wie immer empfiehlt sich auch hier ein wenig Recherche zu betreiben und bei den Videos, die man rausgesucht hat, oder bei Ausstellungen, die man vorab besucht, genauer auf die Kleidung der erfolgreichen Handler zu achten. Bei manchen Rassen (beispielsweise bei einigen Jagdhundrassen) ist es gängig, dass die Aussteller sich der Rasse anpassen und zum Beispiel im englischen Landadel-Stil gekleidet in den Ring kommen. Das unterstreicht dann nicht nur die Eleganz des Hundes, sondern zugleich auch das, wofür er im Sinne der Arbeitsleistung gezüchtet wird.

Für die Ausstellung bitte dem Anlass (und Hund) entsprechend erscheinen.

Monate, Wochen, Tage vor der Show

Ja, das Leben als Aussteller ist geprägt von Vorbereitungen. Wie bereits erwähnt, sind das korrekte Gehen, Stehen und Anfassenlassen schon nichts, was man mal eben so ein paar Tage vor der Show eintrainieren kann. Früh übt sich, lautet gerade bei diesen Bestandteilen die Devise. Was man wann einüben sollte, haben wir im Folgenden noch einmal aufgelistet, damit es auf den ersten Blick ersichtlich ist.

Wenn der Hund noch fit werden muss, sollte das Training einige Zeit im Voraus beginnen.

Monate vorab

Rassestandard studieren, um die nachfolgenden Übungen am und mit dem Hund möglichst perfekt hinzubekommen.

Hund:

- Anfassenlassen üben – besonders bei Rüden ist auf das entspannte Abtastenlassen der Hoden zu achten
- Korrektes Steh und vor allem das Ausharren in der Position üben und festigen
- Zähne kontrollieren lassen trainieren
- Überblick über Gewicht und Muskulatur
- Falls für die Rasse notwendig: Regelmäßige Besuche bei einem versierten(!) Hundefriseur
- Laufen üben
- Kaschieren objektiver Makel üben (nobody is perfect)
- Stete Begeisterung zeigen, wenn der Hund sich entspannt und aufmerksam präsentiert und dabei seine Artgenossen links liegen lässt
- Impfungen aktuell halten

Mensch:

- Outfit und Leine besorgen (eventuell in mehrfacher Ausführung)
- Laufen und Leinenhaltung üben
- Korrektes Stellen üben
- Eventuell Entspannungs- und Mentaltraining beginnen
- Termine für Ausstellungen raussuchen und Anmeldungen verschicken

Wochen bis Tage vorab

Hund:

- Je nach Rassestandard: Friseurtermin zum Schneiden oder Trimmen
- Mappe mit aktuellen und notwendigen Unterlagen zusammenstellen
- Gewicht, Zähne, Fell in Ordnung bringen
- Ausstellungstasche gepackt bereitstellen (Kotbeutel, Leckerchen, Leinen, Bürsten, Dokumente)

Das gehört in die Ausstellungstasche

Vorab: Die Tasche oder der Showkoffer sollte vom Format her so sein, dass er gut zu händeln ist. Auf den meisten Ausstellungen kann man sich verschiedene Exemplare anschauen und auf die eigenen Bedürfnisse hin testen.

Hat man sich für eine Variante entschieden, dann gehört Folgendes immer hinein:

- Kopie der Ahnentafel, falls sie mal vorgezeigt werden soll
- Impfausweis
- Ersatz-Ausstellungsleine (falls eine kaputt geht oder dreckig wird)
- Bei Indoorveranstaltungen: Antirutschspray, damit Hund und Halter nicht ausrutschen, falls der Boden glatt ist. (Alternativ: Etwas Cola auf dem Boden verteilen und Schuhe sowie Pfoten kurz darin baden – danach natürlich vom Boden aufwischen!)
- Startnummernhalter (Als Pin oder Armschlaufe, auch hier gerne auf einer Ausstellung stöbern, was der Markt hergibt und mit was man sich am ehesten sieht.)
- Schere, um noch übersehene, störende Haare oder Verfilzungen zu entfernen
- Eine oder mehrere Bürsten, die zum individuellen Fell des Hundes passen
- Krallenschneider
- Weiches Tuch zum Hundemaul-/augen säubern (gerade bei Rassen, die zum Sabbern oder Augentränen neigen, sollte man das Tuch auch unauffällig im Ring mit sich tragen, um zwischendurch kurz säubern zu können)
- Faltbarer Wassernapf
- Sehr gute Leckerchen, um den Hund zu fokussieren, abzulenken, zu belohnen (Achtung: Nicht im Ring verlieren!)
- Gegebenenfalls ein nicht quietschendes Spielzeug

Essentielle Inhalte des Ausstellungskoffers.

Rasseentsprechendes Styling sollte zeitlich gut eingeplant sein. DenisZav/Shutterstock.com

Glikiri/Shutterstock.com

Showtime
(der große Tag)

Nach all der Vorbereitung ist er dann endlich da: Der große Tag (oder auch: Der Tag der Wahrheit). Nun wird sich zeigen, wie gut die Vorbereitungen wirklich waren und seien Sie sich gewiss: Nach der ersten Ausstellung werden Sie das ein oder andere gelernt oder bemerkt haben, das Sie beim nächsten Mal anders machen wollen. Aber auch das ist normal: Man lernt jedes Mal etwas dazu – vielleicht etwas, das man anders machen würde, vielleicht aber auch etwas, das man genau so unbedingt wiederholen will. Man lernt neue Menschen, andere Hunde und neue Umgebungen kennen und hat hoffentlich vor allem eines: Jede Menge Spaß an der Situation und der gemeinsamen Zeit mit dem Hund. Und da man nicht nur alles am und mit Hund trainiert und geübt hat, sondern auch noch einige andere Aspekte hinzukommen, die genau den großen Tag betreffen, geht es hier vor allem darum: Um den Tag des großen Auftritts und was genau hier passieren wird.

Mensch: Was brauche ich und was muss ich über Richter und Gelände wissen?

In der Übersicht haben Sie bereits gesehen, dass Sie außer dem gut vorbereiteten, geschniegelten, gestriegelten und bestens gelaunten Hund noch ein paar andere Dinge brauchen. Allen voran die Dokumentenmappe, ohne die Sie nicht weiter als bis zum Empfang kommen: Keine Meldebestätigung, Impfbescheinigung und Abstammungsnachweise heißt: Keine Show.

Dinge, die auch wichtig sind, um einen guten Tag zu verbringen, sind vor allem solche, die das Leben einfacher machen, und es ermöglichen, einen Ausstellungstag im Freien entspannt zu genießen (einiges erübrigt sich, wenn das Spektakel Indoor stattfinden sollte).

Zur guten Vorbereitung gehört, dass man sich vorab mit der Route zum Ausstellungsgelände vertraut macht. Um unnötigen Stress zu vermeiden, sollte man genügend Zeit für eine entspannte Anreise einplanen. Nicht vergessen: Sie wollen nicht ankommen und sofort vom Auto in den Ring stürmen müssen! Ein rechtzeitiges Eintreffen ermöglicht es, den Hund entspannt anzumelden, einen Blick auf das Gelände und vor allem den Zeitplan zu werfen und noch in Ruhe Gassi zu gehen und sich an einer geeigneten Stelle auszubreiten und temporär dort sesshaft zu werden. Ein Ausstellungstag besteht nämlich nicht nur aus ankommen, ausstellen und nach Hause fahren. Er besteht vor allem aus viel Warterei. Es ist immer reichlich Zeit, um mit anderen ins Gespräch zu kommen und um den anderen Ausstellern immer mal wieder zuzuschauen. Speziell dann, wenn der eigene Liebling als einer der besten aus dem Ring geht. Dann geht es nämlich zum späteren Zeitpunkt weiter in der Ausstellung, weil man sich mit den anderen, sehr gut bewerteten Hunden erneut messen darf.

Um es sich also nach der Ankunft gemütlich zu machen, sollte man ein kleines Zelt, einen Pavillon, einen Anglerschirm oder einen sonstigen Wetterschutz mitnehmen, damit man trocken und vor der Sonne geschützt sitzen kann. Aluminiumschutzdecken sind mittlerweile ein beliebter und effektiver zusätzlicher Sonnenschutz, die vor allem Ihrem Vierbeiner bei hohen Temperaturen die Warterei etwas angenehmer machen. Dazu einen Klappstuhl oder faltbaren Trekkingstuhl und natürlich das, was der Hund braucht, um sich zurückziehen zu können. Hier haben sich großzügig bemessene Hundeboxen bewährt, die der Vierbeiner nicht erst am Tag der Ausstellung kennenlernen sollte. Im Idealfall kennt der Hund die Box als Rückzugsort bereits seit Welpenalter und nimmt diese gerne zur Entspannung und als Beobachtungsposten an (hierauf gehen wir auch später noch genauer ein). Je mehr man dabeihat, umso schwerer wird es natürlich mit dem Tragen. Hier hat sich der Einsatz eines faltbaren Bollerwagens bewährt, der schnell aufgeklappt werden kann, zusammengefaltet in beinahe jedes Auto passt und einem den Transport aller Habseligkeiten von Auto zu Ausstellungsgelände deutlich einfacher macht.

Je nach eigenen Vorlieben packt man sich auch noch was zum Trinken und Essen ein – in jedem Fall aber Leckereien und Wasser sowie Trinknapf für den Hund. Er ist der Star des Tages und sollte entsprechend versorgt werden.

Je nach Wetter empfiehlt es sich außerdem, geeignete Wechselkleidung dabei zu haben. Mit übergroßer Regenjacke, Matschhose und Gummistiefeln im Ring umherzulaufen ist definitiv tabu – egal wie sehr diese Ausstattung außerhalb des Rings gerade angesagt sein sollte! Sollten die Umstände es aber gar nicht anders zulassen, als dass man mit Regenschutz in den Ring tritt: Besorgen Sie sich einen farblosen (durchsichtigen) Regenmantel – dann sieht man wenigstens, dass sie darunter etwas Angemessenes tragen. Und vergessen Sie Handtuch und Bademantel für den Hund nicht, um ihn vor der Show wenigstens noch einigermaßen trocknen zu können!

Da in der Regel die Richter schon feststehen, wenn Sie eine Show anmelden wollen hier ein kleiner Tipp:
Sollte Ihnen der Name nichts sagen, dann recherchieren Sie vorab, welchen Typ Hund der Richter besonders gut findet. Hier hat jeder seine kleinen Vorlieben im Rahmen dessen, was den Rassestandard angeht und je nachdem können Sie dann vielleicht von einer Meldung absehen. Ein Richter, der viel Fell und einen robusten Körperbau bei einem Border Collie sehen will, wird den hochbeinigen, schlanken Kurzhaar-Border Collie im direkten Vergleich eher nicht hervorragend bewerten.

Was passiert in welcher Reihenfolge?

Nach Ankunft, eventuellem Zeltaufbau und kurzem Gassigang ist spätestens jetzt der Zeitpunkt gekommen, sich in aller Ruhe anzumelden und auf dem Zeit- und Einlaufplan nachzuschauen, wann man wo zu sein hat. Man erhält seine Startnummer von der Meldestelle, die man, bevor es losgeht, gut sichtbar an der Kleidung befestigt (vorzugsweise am linken Oberarm, damit der Richter die Nummer immer sieht).
Kurz bevor es also in den Ring geht, schaut man nochmal nach, ob der Hund gut aussieht, achtet darauf, dass er sich gelöst hat und dann begibt man sich zeitig in Richtung Ausstellungsring. Achten Sie darauf, den Hund vor Betreten des

Rings zu sammeln und nochmal auf sich zu fokussieren. Er soll nicht rumhampeln und neue Freund- oder Feindschaften schließen wollen, sondern wissen: Gleich geht es los, konzentrier dich! Dasselbe gilt übrigens auch für den Menschen – die Ausstellung sollte im Kopf schon einige Momente, bevor es in den Ausstellungsring geht anfangen und nicht erst, wenn man am Einlaufen ist.

Achten Sie darauf, sich in der richtigen Reihenfolge (gemäß den Startnummern) in den Ring zu begeben und laufen Sie nicht zu dicht an Ihren Vordermann. Das ist nicht nur ablenkend für Ihren Hund, sondern auch für den vorderen Vierbeiner und gibt dem Richter zudem nicht die Chance, sich gleich einen guten Eindruck von Ihrem Hund zu machen. Ja genau: Der erste Eindruck zählt und der beginnt schon mit Einlaufen in den Ring.

Korrekte Position von Mensch und Hund.

Erfahrene Richter machen sich hier bereits eine mentale Notiz darüber, wer sie beeindruckt und wer vielleicht nicht so sehr. Laufen Sie also schon gesammelt und elegant in den Ring, knipsen Sie ein Lächeln an und zeigen Sie: Wir sind hier und absolut bereit!

Nach dem Einlaufen stellen sich die Menschen und Hunde entsprechend ihrer Startnummern auf und auch hier gilt wieder: Abstand halten zu den anderen Hunden, so dass Ihr Hund sich möglichst ablenkungsfrei präsentieren kann. Sollte der Hinter- oder Nebenmann zu dicht sein, dann keine Scheu haben und um etwas mehr Abstand bitten. Wenn der Richter in die Mitte des Rings tritt, wird er erstmal alle Hunde aus der Ferne begutachten. Stellen Sie also Ihren Hund schon so hin, wie Sie es bis hierher in Perfektion geübt haben. Der Hund wird so hingestellt, dass er seitlich zum Richter steht und der Handler hinter dem Hund. So, dass mit der rechten Hand der Kopf mittels der Ausstellungsleine in Position gehalten werden kann. (Achtung: Nur mit der Leine unterstützen und nicht den Kopf so hochziehen, dass der Hund gewürgt wird!). Bei manchen Rassen wird zeitgleich mit der anderen Hand die Rute leicht nach hinten gehalten, damit die Statur besser zur Geltung kommt. Sie sehen jetzt, warum das viele Üben vorab notwendig ist und werden nun auch schnell spüren, ob Sie genug mit dem Hund trainiert haben oder ob noch nachgearbeitet werden muss. Nachdem der Richter alle Hunde einmal kurz begutachtet hat, wird er dazu auffordern, dass alle gemeinsam im Kreis laufen.

Wie immer gilt: Abstand halten und der Hund läuft innen – also die Leine ist in Ihrer linken Hand, so dass der Richter einen ungehinderten Blick auf sein Gangwerk hat. Sollten Sie bemerken, dass der Abstand zum Vordermann zu gering wird oder der Hund hinter Ihnen zu nah kommen, dann vergrößern Sie den Bogen, den Sie laufen ein wenig, um mehr Abstand aufzubauen. Lassen Sie sich nicht dazu verleiten, kleinere Schritte zu machen oder Tempo rauszunehmen – das geht zu Lasten des Gangbildes Ihres Hundes und kann sich negativ auf die Bewertung auswirken!
Sind die Hunde einmal im Kreis um den Richter gelaufen, wird er sie einzeln zur Standardmusterung heranrufen. Hier wird der Hund wieder von Ihnen in Position gebracht (erneut darauf achten, dass Sie sich nie zwischen Hund und Richter befinden und der Blick auf den kompletten Hundekörper immer frei ist).

Tipp

Als Handler sollte man den Richter sozusagen spiegeln. Also immer aufpassen und mitdenken, bei dem, was der Richter gerade am Hund macht. Inspiziert er gerade den Kopf des Hundes, sollte man als Handler nicht dort mit den Händen rumfuchteln; geht der Richter am Hund lang, um Rücken und Muskulatur zu beurteilen, dann eigenständig nach vorne zum Kopf gehen und diesen leicht abstützen, damit die Rückenlinie gerade bleibt und der Hund nicht schief steht (das zerstört schnell das Gesamtbild). Also bitte nicht einfach nur fasziniert und steif den Richter betrachten, sondern aktiv daran mitarbeiten, dass die Schönheit des Hundes gut zur Geltung kommt.

Perfekte Pose bei der Standardmusterung.

Bei der Standardmusterung wird der Richter den Hund abtasten. Er fühlt die Rippen, kontrolliert bei Rüden, ob beide Hoden vorhanden sind, und begutachtet Haarkleid, Augen, Ohren, Rute und Knochenbau. Er wird außerdem prüfen, ob das Gebiss vollständig ist und vor allem auch, wie sich der Hund während dieses Prozederes verhält. Dieser Teil fließt in die Bewertung der Wesensmerkmale ein und ist nicht zu unterschätzen. Der Hund sollte sich möglichst neutral verhalten, während der Richter sich mit ihm beschäftigt. Übermäßige Angst oder gar Aggression können zum Ausschluss von der Veranstaltung führen – wohl dem also, der vorab fleißig daran gearbeitet hat, dass der Hund sich von Fremden anfassen lässt.

Etikette im Ring (und außerhalb)

Immer dort, wo sich Menschen treffen, die gemeinsame Ambitionen haben, gibt es ungeschriebene Gesetze, die man tunlichst einhalten sollte und von deren Existenz man erstmal Kenntnis haben muss. Wir haben einige wichtige Aspekte aufgelistet, die man vermeiden sollte – das meiste gilt übrigens nicht nur da, wo Sie auf Ausstellungen sind, und soll der Vollständigkeit halber unter diesem Punkt nicht unerwähnt bleiben:

- **Nicht gratulieren.**
  Selbst dann, wenn Sie am Boden zerstört sind, weil Sie sich ungerecht behandelt bzw. bewertet fühlen oder Sie ganz klar der Meinung sind, dass die erstplatzierten es im Vergleich zu Ihnen eigentlich nicht verdient hätten. Lassen Sie sich diese, Ihre subjektive Meinung nicht anmerken. Versuchen Sie irgendwie ein Lächeln ins Gesicht zu zaubern und gratulieren Sie den vorderen Plätzen. Denken Sie daran: Nach der Show ist vor der Show und Ihr Tag (beziehungsweise der Ihres Hundes) wird noch kommen, wenn er wirklich so grandios ist, wie Sie denken. Spielen Sie niemals die beleidigte Leberwurst und bleiben Sie fair und respektvoll.

- **Richterentscheidung anzweifeln.**
  Ja, Richter sind auch nur Menschen und ja, manchmal erscheinen Bewertungen, die im Richterbericht zu lesen sind und auch Platzierungen zweifelhaft. Aber Fakt ist: Im Ring hat der Richter das Sagen und die alleinige Macht. Auch, wenn Sie absolut nicht mit der getätigten Bewertung übereinstimmen, so bringt eines ganz sicher nichts: Diskutieren und den Unmut laut äußern. Schlucken Sie das, was auch immer Sie sagen wollen, einfach runter und machen gute Miene zu diesem Spiel. Der Richter ist Gott, wenn Sie so wollen und wer ficht schon dessen Entscheidungen an? Genau – niemand (jedenfalls niemand, der noch weitere Shows besuchen möchte, ohne einen gewissen Ruf weg zu haben).

- **Über andere schlecht reden.**
  Das sollte zwar eine Selbstverständlichkeit sein, aber wie bei jeder Art Wettbewerb, ist es manchmal leider die reinste Schlangengrube, in die man reingeraten kann. Halten Sie sich bedeckt, wenn Sie mit anderen Ausstellern ins Gespräch kommen, wenn es darum geht, was an Handler x und Hund y besonders schlecht war oder dass Züchter z ja nur diese oder jene Bewertung bekommen hat, weil der Richter Bruder, Schwager, Kumpel oder sonstiges ist. Wie immer und überall im Leben und unserer Gesellschaft gilt: Besser öfter mal die Klappe halten und sich nicht an Schmähreden, Lästereien oder sonstigen, niederen Kommunikationen beteiligen. Genießen Sie lieber Umgebung, Hunde und Ambiente und bilden sich eine eigene Meinung: In Ihrem Kopf.

- **Jogginganzug tragen.**
  Wie sagte Karl Lagerfeld einst so schön »Wer eine Jogginghose trägt, hat die Kontrolle über sein Leben verloren.« Ganz so verbissen muss man es natürlich nicht sehen und die bequeme Sportkleidung hat auf jeden Fall ihre Daseinsberechtigung. Diese hat sie allerdings zuhause oder im Gym und niemals auf einer Ausstellung. Während eine ordentliche Jeans vielleicht noch zu verzeihen ist, ist es eine Jogginghose oder gar ein kompletter Trainingsanzug in keinem Fall. Also: Egal wie jung, cool, hip oder sportlich Sie sind, für eine Ausstellung kleiden Sie sich bitte angemessen.

- **Zu spät kommen.** Achten Sie unbedingt darauf, nicht nur pünktlich an der Meldestelle zu erscheinen (nochmal: Ohne Anmeldung keine Show!). Sondern vor allem darauf, zeitig am Ring zu sein. Sie wollen zum einen nicht völlig abgehetzt und gestresst ihren Platz zwischen den anderen suchen müssen und zum anderen auf keinen Fall direkt einen schlechten Eindruck hinterlassen.

  Sie wissen: Der erste Eindruck zählt und wer andere warten lässt, der erweckt den Eindruck, dem Richter und allen anderen gegenüber wenig Respekt entgegenzubringen. Das ist nicht unbedingt das, was man mit Ihnen und Ihrem Hund verbinden sollte.
  Zudem kann es passieren, dass Sie bei Unpünktlichkeit gar nicht erst den Ring betreten dürfen, sondern gleich wieder weggeschickt werden. Schließlich ist ein nachträgliches dazustoßen immer damit verbunden, dass die Gruppe gestört wird und könnte sich zum Nachteil derer auswirken, die sich zeitnah eingefunden und ihre Plätze eingenommen haben.

- **Zu früh gehen.**
  Selbst dann, wenn Sie nach einer Runde schon fertig sein sollten, weil es leider nicht in die nächsten Runden und Ringe geht, sind Sie nicht entlassen. Mal abgesehen davon, dass die Unterlagen erst im Anschluss an die Veranstaltung wieder mit nach Hause genommen werden können, ist das frühzeitige Verlassen der Show eins der absoluten No-Gos.
  Sie wissen also nun: Wenn Sie zu einer Show melden, dann gehört der Tag dieser Veranstaltung, weil Sie von Anfang bis Ende vor Ort sein werden.
  Unter Umständen haben Sie also viel Zeit, sich mit anderen Ausstellern zu unterhalten, Kontakte zu knüpfen und sich das Handling anderer anzusehen, um sich gegebenenfalls noch ein paar Tricks für Ihren nächsten Auftritt abzugucken.

- **Werbung sichtbar tragen.**
  Hier ist nicht unbedingt gemeint, dass man keine Shirts mit Logos tragen sollte – auch, wenn das durchaus befremdlich sein kann. An dieser Stelle geht es vor allem darum, dass man innerhalb der Ausstellung nicht öffentlich und überdeutlich darauf hinweist, aus welcher Zucht der ausgestellte Hund kommt. Wenn es andere interessiert, dann werden sie kommen und nachfragen – Werbung für Zucht und Züchter gut sichtbar darzustellen ist absolut unerwünscht.

- **Zu dicht am Vordermann laufen.**
  Wie an anderer Stelle bereits erwähnt, gehört auch das zu nahe auflaufen im Ring zu der Sorte Fauxpas, die besonders Einsteigern gerne mal passieren.
  Natürlich ist man konzentriert auf den Hund, die Handhaltung und den eigenen Laufstil, da vergisst man gerne mal, dass es noch andere Teilnehmende gibt, auf die man wenigstens marginal achten sollte.

  Also: Unbedingt darauf achtgeben, dem Hund, der vor einem läuft, nicht zu nah mit dem eigenen Vierbeiner auf die Pelle zu rücken. Sollte das Tempo des Vorläufers sich deutlich vom eigenen unterscheiden, lieber einen etwas größeren Bogen laufen oder die Ecken besser ausreizen, statt von hinten Schub geben zu wollen. Das dürfte auch der eigene Hund zu schätzen wissen.

- **Zu störende Ablenkungen im Ring benutzen.**
  Klar, jeder möchte, dass sein Hund sich möglichst aufmerksam präsentiert. Besonders beim Stehen kann es vorteilhaft sein, den Vierbeiner irgendwie dazu zu bewegen, sich aufmerksam, mit gespitzten Ohren und wachem Blick zu zeigen und nicht halb weggedöst auf seine Begutachtung zu warten.
  Naturgemäß reagieren viele Hunde auf das Quietschen ihrer Spielzeuge oder das laute Rascheln der Leckerchentüte.
  Und auch, wenn Kekse und Co. im Ring nicht verboten sind, so ist es doch das Gebot der Fairness, das den Ausstellenden dazu veranlassen sollte, hier lieber mit einer etwas dezenteren Methode zu arbeiten. Man hat den eigenen Hund schnell auf ein Schnalz- oder Clickgeräusch oder auch ein spezielles Wort konditioniert, dass man deutlich leiser und eher an den eigenen Hund gerichtet einsetzen kann. So lenkt man nicht zugleich alle anderen Hunde von ihrem Menschen ab und zieht sich nicht den gerechten Zorn der anderen Handler zu.

- **Leckerchen verlieren.**
  Wer im Ring nicht darauf verzichten möchte, Belohnungshappen für den Hund dabei zu haben, sollte diese möglichst gut verstauen. Es gibt kaum etwas ärgerlicheres für die nachfolgenden Handler, als wenn sich während des Laufs kleine Kekse oder gar Wurststücke über den Boden verteilen, die dann eine willkommene, aber äußerst ungewollte, Abwechslung für die anderen Hunde darstellen.
  Wenn der Eindruck entsteht, dass die Leckerlies absichtlich fallengelassen werden, um andere abzulenken, kann man (zu Recht!) disqualifiziert werden.

- **Double Handling.**
  Das sogenannte »Double Handling« ist nicht nur unerwünscht, sondern bei VDH-Veranstaltungen strikt verboten und kann zum Ausschluss von der Veranstaltung führen.
  Da es bei manchen Hunderassen (zum Beispiel beim Deutschen Schäferhund) laut Rassestandard erwünscht ist, dass sie einen starken Trieb nach vorne zeigen, hat man sich in der Vergangenheit (teilweise auch heute noch, nur verdeckter) dieser 2-Personen-Methode bedient.
  Während der Handler im Ring mit dem Hund läuft oder diesen hinstellt, befindet sich die Hilfsperson außerhalb des Rings und zeigt dem Hund sein Spielzeug (oder quietscht damit) oder lenkt den Blick des Hundes mithilfe eines Laserpointers in die gewünschte Richtung.
  Dass diese Methode ärgerlich für alle anderen Hunde ist, weil deren Hunde sich eventuell ebenfalls angesprochen fühlen, ist wohl eindeutig.

- **Aggression.**
  Diese ist sowohl bei Ihnen als auch bei Ihrem Hund nicht angebracht. Weder sollten Sie sich in irgendeiner Form aggressiv oder unfair anderen Handlern gegenüber verhalten, als auch in keinster Weise grob mit Ihrem Hund sein.
  Sollte er sich nicht gut präsentiert haben, zu nervös gewesen sein, zu unruhig oder nicht gut gelaufen sein oder gestanden haben, lassen Sie die Frustration darüber nicht an ihm aus.
  Vieles, dass sie auf die Palme gebracht hat an diesem Tag ist schlichtweg eins: Nicht gut trainiert – damit sind also Sie in der Hauptverantwortung und nicht der Vierbeiner.
  Und wenn Ihr Hund derjenige sein sollte, der sein Temperament gegenüber seinen Artgenossen nicht zügeln konnte, so gilt auch hier:

Maßregeln, laut werden oder gar körperlich züchtigen kommen nicht in Frage. Arbeiten Sie gegebenenfalls mit einem guten Trainer an dieser Problematik. An Ort und Stelle wird das Thema ohnehin nicht zu beheben sein und Aggressivität von Ihrer Seite wird die im Hund eher noch weiter verstärken.

- **Mit krankem Hund zur Ausstellung gehen.** Der normale Menschenverstand und das tierliebe Herz sagen es einem in aller Deutlichkeit: Mit einem kranken Hund geht man nicht unter andere Hunde. Leider wird nur allzu oft der Verstand hintenangestellt, wenn man einigermaßen viel Geld für das Melden gezahlt hat oder der Hund unbedingt seine Zuchtzulassung erlangen soll. Husten, Schnupfen oder Durchfall scheinen etwas zu sein, dass viele Hundemenschen eher abtun und wenn der Hund nicht völlig ermattet und mit stumpfem Fell und glasigem Blick in der Ecke liegt, durchaus als Kinkerlitzchen zu gelten scheinen. Dass das Auftauchen mit einem Hund, der Krankheitssymptome zeigt (oder einen Tag vorher noch zeigte), nicht nur unfair dem eigenen Tier gegenüber ist, sollte jedem klar sein. Und klar sollte eigentlich auch sein, dass es äußerst egoistisch ist, die Krankheitserreger wild durch die Gegend zu verteilen, so dass sich andere anstecken können. Hier bitte das eigene Ego zurückstellen und im Sinne aller Hunde handeln und zuhause bleiben.

- **Das Ausstellungsgelände verschmutzen.** Dieser Punkt fällt in dieselbe Kategorie wie die Teilnahme mit einem erkrankten Hund. Und ist eigentlich ein Punkt, bei dem viele denken werden, warum wird er extra erwähnt, ist doch logisch. Aber leider kommt es auch hier immer wieder vor, dass Handler sich im Ring von der besten Seite präsentieren, aber außerhalb scheinen die Manieren dann bei dem ein oder anderen gerne mal flöten zu gehen. Wer mit Hund zu einer Veranstaltung (egal welcher) geht, gibt ihm vorab die Möglichkeit, sich bei einem kleinen Spaziergang zu lösen und selbstverständlich räumt der Mensch das große Geschäft dann auch weg. Egal, ob es direkt auf dem Gelände der Ausstellung passiert oder auf einem der Fußwege drumherum. Kein Verein möchte sich jedes Mal im Anschluss an eine hündische Veranstaltung mit Anwohnern oder Gemeinde streiten, weil eine Menge Tretminen übriggeblieben sind. Dasselbe gilt selbstverständlich auch dann, wenn sich die Ausstellung in einer Halle ereignet. Wer rechtzeitig und ausgiebig Gassi geht, kann durchaus verhindern, dass innerhalb der geschlossenen Räume alles Mögliche markiert wird oder größere Unfälle passieren.

  Und auch hier: Nicht schnell weggehen und so tun, als wäre es nie passiert. Kotbeutel gehören immer ins Handgepäck und Indoors auch gerne die Wasserflasche, um eine versehentliche Rüdenmarkierung zu verwässern. Erstaussteller oder -besucher einer großen VDH-Ausstellung, die in Hallen stattfindet, können ja gerne mal den ein oder anderen Blick auf den Boden und in die Ecken riskieren – es dürfte überraschend für Sie sein.

Sie sehen, auch im Ausstellungswesen gibt es Regeln, die man kennen und befolgen sollte. Manche sind Ihnen vielleicht neu, andere gelten eigentlich immer und überall, wo man sich mit Hund befindet und bedürfen doch einer regelmäßigen Wiederholung, damit auch wirklich jeder sie irgendwann beherzigt.

Africa Studio/Shutterstock.com

FAQs

Auch an dieser Stelle können wir nicht zu sehr ins Detail gehen, was Spezifika einer einzelnen Rasse betrifft. Aber, so wie auch im ganzen Rest des Buches, wir können durchaus allgemeingültige Fragen beschreiben und beantworten, was hier auch geschehen soll.

Muss der Besitzer den Hund vorführen?
Nein, der gemeldete Hund kann von einer völlig fremden Person im Ring gezeigt werden. Häufig stellen zum Beispiel Züchter ihre Nachzucht vor, auch wenn diese gar nicht bei ihnen lebt. Das Buchen von professionellen Showhandlern, deren Hauptberuf es ist, Hunde auf Ausstellungen zu zeigen, ist in Deutschland selten, in den USA aber beispielsweise Usus. Es kann durchaus Sinn machen, den Vierbeiner von einem erfahrenen Aussteller zeigen zu lassen. Denn wie heißt es so schön: Ein guter Hund kann durch einen schlechten Handler in seiner Bewertung nach unten gezogen werden; ein durchschnittlicher Hund mit einem sehr guten Handler aber weit nach oben kommen.

Dürfen läufige Hündinnen ausgestellt werden?
Ja. Läufige Hündinnen werden im selben Ring ausgestellt, wie alle anderen Hunde auch. Es wird weder Rücksicht auf anwesende Rüden noch auf etwaige Befindlichkeiten der Hündin genommen. Das heißt: Beim hauseigenen Ringtraining durchaus versuchen, auch diese Ablenkung ins Training einzubauen, damit der eigene Hund sich auch hiervon unbeeindruckt zeigt.

Was tun, wenn der (große) Hund nicht stillhält?
Üben, üben, üben. Sollte es in der Ausstellung aber dazu kommen, dass der Hund einfach zu aufgeregt ist und zum Beispiel bei der Gebisskontrolle ausweicht, dann kann man den Hundekörper zwischen den Beinen leicht einklemmen. Will heißen: Stellen Sie sich über den Hund, so dass dieser mit den Schultern komplett zwischen Ihren Beinen ist, und fixieren Sie ihn ganz leicht mit den Beinen, während sie dann von hinten über die Ohren greifen, um die Lefzen anzuheben und das Gebiss freizulegen. Aber: Tun Sie dem Hund hierbei nicht weh und üben Sie auch das Übersteigen und von oben festhalten vorab zuhause in Ruhe, damit Sie es im Notfall anwenden können.

Welche Hunde sind von Ausstellungen ausgeschlossen?
Grundsätzlich nicht gezeigt werden dürfen säugende Hündinnen, kranke Hunde, kupierte Hunde (außerhalb Deutschlands teilweise noch erlaubt) und sogenannte Qualzuchten (hier bitte vorab immer schauen, welche Entwicklungen und neuen Verordnungen es gibt, ob ein Gesundheitszeugnis vorgelegt werden muss etc. – bei Unsicherheit immer auf den Seiten des VDH schauen oder beim Veranstalter nachfragen, da es aktuell immer wieder zu Änderungen kommt).

Wie kann man die Perfektion noch besser unterstreichen?
Hier gilt: Wie bei uns Menschen, so kann man auch bei Hunden die schönsten Seiten noch ein wenig besser hervorheben, wenn man ein paar kleine Tricks beherrscht.

- Wenn Sie die Augenfarbe Ihres Hundes besser hervorheben wollen, dann richten Sie den Kopf nach dem Lichteinfall aus. Sollen die Augen noch heller und strahlender erscheinen, platzieren Sie den Hund so, dass das Licht etwas besser einfällt. Möchten Sie hingegen den dunklen Ton der Augen unterstreichen, dann versuchen Sie den Hund so auszurichten, dass ihm nicht gerade das Licht zu sehr in die Augen strahlt. Erreichen kann man dies durch geschicktes Hinstellen im Ring bzw. eine leichte Korrektur des Kopfes.

- Wenn Sie den langen Hals des Hundes besonders zur Geltung bringen möchten, dann hilft es, wenn man die Ohren nach vorne drapiert (bei Irish Settern zum Beispiel sollte man die langen Ohren leicht mit nach vorne legen, damit der Hals besser zur Schau gestellt werden kann).

- Bei Hunden mit Weißanteil kann man diesen, wenn gewünscht, durch das vorherige Einbürsten von Babypulver strahlender erscheinen lassen.

Wie gesagt, in einer Ausstellung soll der Perfektion so nah wie möglich gekommen werden. Daher auch hier wieder das Mantra: Machen Sie sich vertraut mit dem Rassestandard ihres Hundes und schauen Sie so viele Shows und gute Hunde dieser Rasse wie möglich an (vor Ort auf Ausstellungen, im Internet, in Büchern etc.). Lassen Sie sich von Ihrem Züchter beraten oder buchen Sie ein Showtraining, wenn Sie unsicher sind bezüglich eventueller, kleiner optischer Makel und Sie nicht genau wissen, ob und wie man diese kaschieren kann – das sieht für jede Rasse und jeden Hund anders aus und kann an dieser Stelle nicht detailliert beantwortet werden.

Was, wenn mein Hund einen anderen Hund im Ring nicht leiden kann?
Abstand suchen und halten, den Hund ablenken – dazu vorab ein Signal einüben, auf das der Hund gut reagiert und zur Not das Spielzeug zeigen.

Darf ich den Ring verlassen, wenn es dem Hund oder mir zu viel wird?
Ja. Jeder Handler hat jederzeit das Recht, den Ring zu verlassen, wenn er sich unwohl fühlt, der Hund überfordert ist oder sonstiges. Natürlich geht man ohne Bewertung aus der Show, aber grundsätzlich darf man selbst an jeder Stelle abbrechen.

Um zu wissen, was die Vorzüge des eigenen Hundes und was die kleinen Makel sind, immer aufmerksam die eigenen Richterberichte lesen und nach Ideen suchen, wie die genannten Makel kaschiert werden können oder woran man im Training arbeiten kann. Im Zweifelsfall mit erfahrenen Ausstellern sprechen und Tipps einholen (oft gehören die eigenen Züchter in diese Riege und die helfen in der Regel gerne, handelt es sich doch um ihre Nachzucht, die bestens präsentiert werden soll). Auch im Ringtraining kann ein Profi super Tipps geben, die auf das Individuum zugeschnitten sind.

Volle Konzentration beim finalen Ausrichten.

Mentaltraining für Handler

In diesem Kapitel möchten wir uns noch einem wichtigen Thema widmen, dass diesmal einzig und allein den Menschen betrifft. Denn egal, wie gut der Hund ausgebildet ist, wie gut Sie das Laufen und die Leinenhaltung geübt haben und sich mit allen anderen Fallstricken, die Ihnen während der Ausstellung begegnen könnten, beschäftigt haben: Wenn Sie zu nervös oder zu wenig selbstbewusst in den Ring gehen, kann auch das Sie und Ihren Hund den Sieg kosten oder wenigstens zu einer weniger guten Beurteilung führen. Es gibt natürlich in Ausnahmefällen Hunde, die zu wahren Models geboren scheinen. Hunde, die sich im Rampenlicht wohlfühlen und sich, sobald das sprichwörtliche Scheinwerferlicht sich auf sie richtet, eine Präsenz an den Tag legen, an der niemand vorbeikommt. Doch diese geborenen Stars sind nicht die Regel, sondern es ist vielmehr so, dass der Vierbeiner sich von der Nervosität oder Unsicherheit seines Handlers anstecken lässt und dann vermeintlich nichts mehr so funktioniert, wie es vorher so fleißig eingeübt wurde. Da fehlt die Körperspannung beim Laufen oder Stehen, die Ruhe beim Betasten und die Koordination im Ring. Auch, wenn sich hier nur ein paar Kleinigkeiten einschleichen, so summieren sich diese am Ende doch und es kommt irgendwann die Frage auf: Warum klappt es immer, nur nicht dann, wenn es drauf ankommt?

Um eben dann, wenn es zählt, auch wirklich alles zu zeigen, gibt es einige hilfreiche und erprobte Kniffe aus dem mentalen Trainingskasten. Auch derjenige, der denkt, dass er eigentlich nicht nervös ist, der kann aus diesen Übungen einiges rausziehen. Probieren Sie es aus – es ist nicht nur eine Bereicherung für dieses spezielle Gebiet, sondern hilft auch in vielen anderen Situationen, sei es im Beruf oder Alltag.

Mentaltraining: Was es ist und wie es funktioniert

Einfach gesagt geht es beim Mentaltraining darum, sich selbst bewusst zu machen, was man kann und dass man es kann. Außerdem verhelfen bestimmte Übungen dabei, sich besser zu konzentrieren und fokussiert seine Aufgabe zu erfüllen. Auch Selbstzweifel und Unsicherheiten werden zugunsten einer positiveren Selbsteinstellung in den Hintergrund gestellt. Techniken aus dem Mentaltraining helfen dabei, sich auch in Stresssituationen zu beruhigen und gelerntes sicher abzurufen – sei es theoretisches Wissen, als auch praktische Übungen und Bewegungsabläufe. Wer zu extremer Nervosität neigt, der lernt mithilfe verschiedener Techniken auch, die Nerven schon im Vorhinein zu beruhigen. Sie sehen, die Übungen zu diesem Thema sind in vielen Bereichen des Lebens äußerst nützlich. Alles dreht sich darum, ein positives Mindset zu erstellen und mal ehrlich: Wer braucht das nicht?!

Im Mentaltraining gehen Sie bewusst in sich und machen sich Ihre Stärken bewusst. Genau auf den Stärken (also allem positiven) liegt der Fokus des Trainings. Viele Menschen neigen dazu, sich stets zu hinterfragen und nach Misserfolgen in ein Loch zu fallen. Vielmehr sollte man aber auch Rückschritte oder Niederlagen als das sehen, was sie sind: Die Chance, aus diesen Momenten zu lernen, an ihnen zu wachsen und sie dazu zu nutzen, besser zu werden. Nicht: Ich war schlecht, sondern: Nächstes Mal bin ich noch besser. Nicht: Wir haben bei der Ausstellung schlecht abgeschnitten, sondern: Wir haben vieles gut gemeistert, kennen nun unsere Schwachstellen und merzen diese aus. In den eigenen Gedanken sollte kein Platz sein für: Das kann ich nicht oder mein Hund kann das nicht oder sieht nicht gut genug aus. Denken Sie genau das, was für Sie und Ihren Hund stimmt: Ihr Hund ist der schönste im Ring und Sie haben die Ehre, ihn vorzuführen. Seien Sie stolz und visualisieren Sie immer wieder, wie sie sich im Ring bewegen und wie großartig sich Ihr Hund präsentieren wird. Nichts anderes sollte in Ihrem Denken Platz haben, denn nur so wird dieser Gedanke Ihnen in Fleisch und Blut übergehen und Sie haben quasi keine andere Chance, als voller Selbstbewusstsein und Zuversicht in den Ring zu gehen.

Was sich so einfach anhört ist natürlich ein Prozess, den man (je nach mentaler Verfassung) täglich üben muss. Aber unterschätzen Sie bitte nicht die Macht der Gedanken. Allein das Mantra: Wir werden das großartig meistern, wird Sie zu einem entspannteren, selbstbewussteren Hundeführer machen, wenn Sie es sich immer wieder in Ihren Gedanken sagen.
Und für noch mehr mentale Stärke, gibt es hier ein paar praktische Übungen.

Vertrauen Sie auf sich und Ihre Fähigkeiten.

Praktische Übungen für mehr Erfolg

Visualisierung

Eine typische Herangehensweise im Prozess des Mentaltrainings ist es, sich bildlich vorzustellen, wie man sein Ziel erreicht. Sportler*innen sehen sich beispielsweise ganz konzentriert dabei, wie sie als erste durchs Ziel laufen und fühlen, wie gut sich das anfühlt. Am Beispiel von Hundeausstellungen wäre das, sich vor Augen zu führen, wie man wunderschön und elegant mit seinem Hund über den Boden durch den Ring schwebt und dabei den Richter beeindruckt.

Selbstwahrnehmung ändern

Ganz klassisch werden Übungen aus diesem Spektrum genutzt, um das Selbstbewusstsein zu stärken. Hierbei sagt man sich beispielsweise jeden Morgen: »Das wird ein guter Tag« oder schaut in den Spiegel, während man sich mit einem Lächeln sagt »Du bist wertvoll«. Auch, wer im Alltag ganz zufrieden mit sich selbst ist, kann in Bezug auf Erfolg bei Ausstellungen (oder auch im Sport) von dieser Methode profitieren.
»Wir sind ein großartiges, erfolgreiches Team« oder »wir sind die besten« sind gute Mantras, um sich selbst davon zu überzeugen, dass man gewinnen wird. Wer an sich glaubt und sein Gehirn hin zum Glauben an den Erfolg programmiert, wird dies nach außen hin ausstrahlen und sich und den Hund besser präsentieren. Und selbst dann, wenn es mal nicht zum Sieg reicht, wird man dies nicht so schwer oder persönlich nehmen, wie es vielleicht sonst der Fall sein könnte. Wenn kleine Rückschläge oder Enttäuschungen einfach mit einem Schulterzucken und dem Gedanken »dann halt beim nächsten Mal« genommen werden, ist auch das schon ein toller Erfolg.

Atemübungen

Wer unter akutem Stress leidet, zum Beispiel dann, weil ihm beim Anblick des Ausstellungsgeländes doch das Herz in die Hose rutscht oder die Freude darüber, seinen Hund gleich zum ersten Mal im Ehrenring präsentieren zu dürfen sich in akutem Herzrasen äußert, der sollte auf eine der folgenden Atemübungen zurückgreifen:

• 4711-Übung

Nein, die Übung hat nichts mit dem gleichnamigen Kölnisch Wasser zu tun, aber da das wohl jeder kennt, lässt sie sich ihr Rhythmus gut merken. Hierbei atmet man 4 Sekunden lang tief durch die Nase ein und lässt die Luft dann 7 Sekunden lang durch den Mund wieder entweichen. Das Ganze wiederholt man in einem Zeitraum von 11 Minuten.

Stress weglächeln

Setzen Sie ein Lächeln auf! Auch, wenn Sie sich nicht danach fühlen, so wird es Ihnen trotzdem helfen, denn unser Gehirn geht davon aus, dass wir glücklich sind, wenn es von der Muskulatur des Mundes die Info bekommt, dass gerade gelächelt wird. Der Herzschlag wird langsamer, die Stresshormone sinken und es werden Glückshormone ausgeschüttet. Außerdem sieht einfach jeder mit einem Lächeln auf den Lippen besser aus. Versuchen Sie es mal.

Tipp

Wer sich keine 11 Minuten lang Zeit nehmen kann, um den Stress weg zu atmen, der kann sich wie folgt ein wenig behelfen: Tief durch die Nase einatmen und dann die Luft länger, als man eingeatmet hat, durch den Mund entweichen lassen.

• Stern Atem Übung

Auch diese Atemtechnik hilft dabei, den Körper vom Stress zu befreien und die Muskulatur zu lockern. Hierbei wird 4 Sekunden lang durch die Nase eingeatmet, dann hält man die Luft an und zählt dabei bis 6, um anschließend durch den Mund auszuatmen während man bis 8 zählt (so lange sollte man auch ausatmen!). Die Übung 5-mal wiederholen.

Warum es nicht nur für den Menschen wichtig ist, entspannt und selbstbewusst zu sein? Ganz einfach: Der Hund spürt, wenn das andere Ende der Leine angespannt ist. Je nach Charakter wird er das zum Anlass nehmen, diese Anspannung aufzunehmen und wird entsprechend auch nicht die Leistung abrufen, die er sonst zeigt. Vielleicht läuft er unsicher oder angespannt, will sich nicht anfassen lassen oder alle anderen von seinem Menschen fernhalten, weil mit diesem ja offenbar irgendwas nicht stimmt. Je entspannter und selbstbewusster der Handler, umso besser die Präsentation des Hundes!
Atmen Sie also ruhig, straffen Sie die Schultern, heben Sie den Blick und lassen damit jeden wissen: Jetzt ist Showtime und hier kommen wir!

Nicht vergessen

Sie haben es geschafft und sich und Ihren Hund bestens auf die Karriere als angehender Star im Ring vorbereitet. Mental sind Sie und Ihr Vierbeiner auf einem angenehmen Level, in dem wir zwar von Stress, aber natürlich nur von positivem reden und die einzelnen Übungen klappen auch hervorragend. Ihr anmutiger Laufschritt harmoniert vollkommen mit den ausgreifenden Schritten des Hundes, die Leine liegt perfekt in der Hand und die halbe Familie samt Nachbarschaft durfte Ihrem Liebling unbehelligt über die Flanken streichen und seine Zähne begutachten.
Und das Beste ist: Ihr Hund ist super entspannt und hat offensichtlich Spaß dabei, sich in seiner ganzen Pracht zu präsentieren. Nehmen wir also an, dass das zumindest in Ansätzen so ist, was soll da also noch schiefgehen? Nichts, mögen Sie denken, aber die Erfahrung hat gezeigt: Die Schönheit und Anmut des erfolgreichsten Hundes wird nicht selten durch sein Gebaren außerhalb des Rings überschattet. Wenden wir uns also an dieser Stelle noch kurz und knapp dem zu, was für wirklich jeden Hund wichtig ist – egal ob Showprofi, Arbeitshund, Allrounder oder Familienliebling. Ein paar Punkte zur Grunderziehung und dem Verhalten in der Öffentlichkeit.

Vergessen Sie nicht: Die Bewertung mag im Ring stattfinden, aber die Begutachtung durch andere geht außerhalb des Rings weiter und Ihre gute Stimmung dürfte in ein tiefes Loch fallen, wenn Ihr Prachtexemplar von Hund sich innerhalb des Ausstellungsgeländes nicht zu benehmen weiß. Sie von a nach b zerrt, an sämtlichen anderen Hunden schnüffeln will oder diesen seine Meinung geigen möchte oder er ununterbrochen bellt, wenn es gerade nichts zu tun gibt und er eigentlich an seinem Platz auf seinen großen Auftritt warten sollte.

Wenden wir uns also kurz ein paar Übungen zu, die Sie auch zu einem angenehmen und gern gesehenen Team im Umfeld des Ausstellungsrings machen.

Bleib locker

Locker bleiben ist hier wörtlich zu nehmen. Es geht nicht nur um eine innere Lockerheit, die sich auch auf den Hund überträgt und für die unsere genannten Mentalübungen wichtig sind, es geht außerhalb des Rings auch darum, dass der Hund locker ist. Sowohl an der Leine (und ebenjene entsprechend auch), als auch gegenüber allen anderen.

Kaum ein Thema beschäftigt die Hundeschulen dieser Welt so sehr, wie das leidige Thema der Leinenführigkeit. Wenn Ihr Schäferhund im Ring perfekt seinen Drang nach vorne zeigt, darf er diese Haltung gerne ablegen, sobald Sie mit ihm den Ring verlassen. Gerade im Umfeld einer Veranstaltung, in der viele Menschen mit Hunden umhergehen, irgendwo warten oder versehentlich den Weg versperren, weil sie einen Bekannten getroffen haben mit dem sie sich unterhalten wollen oder etwas anderes ihre Aufmerksamkeit erregt hat, ist eins wichtig: Ein Hund, der irgendwann in seinem Leben einmal gelernt hat, dass es ziemlich cool ist, nicht wie in Berserker in der Leine zu hängen und ständig in die gewünschte Richtung zu ziehen.
Sie müssen hier kein ausgefeiltes Fußgehen zeigen, dass Sie in den Olymp der Obedience-Sportler katapultieren würde, aber ein Hund, der einigermaßen eng nebenherlaufen kann, ist gerade auf großen Veranstaltungen und solchen, die in Hallen stattfinden, Gold wert.

Suchen Sie sich also ein Hörzeichen aus, dass Ihrem Hund signalisiert, dass er jetzt eng neben Ihnen gehen soll. Wie in jedem Bereich der Hundeausbildung gilt auch hier: Der Hund macht das, was sich für ihn lohnt. Und was lohnt sich für die meisten Hunde? Essen.
Bewaffnen Sie sich also mit ein paar beliebten Snacks, nehmen Sie die Leine in die rechte, die Leckereien in die linke Hand und dirigieren Sie den Hund auf Ihre linke Seite und los geht's.
Erst wenige Schritte mit deutlichem Zeigen der Goodies und ab und an mal was ins Maul fallen lassen und dann dehnen Sie die Distanz und die Ablenkungen aus.

Üben Sie das Ganze auch so, dass Ihr Hund bei Bedarf auch auf der rechten Seite locker neben Ihnen bleibt, damit Sie situationsbedingt auch ohne weiteres mal die Seite wechseln können. Sobald der Hund nach vorne zieht, lotsen Sie ihn mit ihrem Signalwort und der Bestätigung wieder in Position. Im Grunde können Sie so auch bequem ein Fußgehen aufbauen, aber das muss für das unbehelligte Durchqueren des Bereichs um den Ausstellungsring gar nicht sein.
Üben Sie erst mit vielen Leckereien und wenig Ablenkung, dann reduzieren Sie die Leckerchen und erhöhen die Frequenz dann wieder, wenn Sie mit mehr Unruhe drumherum arbeiten. Testen Sie

Übung: Hund sieht was ...

... und wendet sich seinem Menschen zu.

doch mal, wie gut das Ganze funktioniert, wenn Sie durch ein Ladenlokal oder eine Fußgängerzone gehen, dann haben Sie ein recht gutes Bild davon, wie beeindruckt sich Ihr Vierbeiner zeigt, wenn Trubel um ihn herum herrscht. Insbesondere bei sehr großen Ausstellungen (Bundessiegerschau und dergleichen) ist die Enge und die Hektik rundherum kein Kinderspiel – da sollte der Hund schon sehr gut händel- und lenkbar sein.

Üben Sie, zur Schonung Ihrer Nerven, der Ihres Hundes und der Nerven aller anderen, die Ihren Weg kreuzen, nicht zu wenig an diesem Signal. Speziell dann, wenn Sie schwerbepackt mit Tasche, Stuhl, Zelt, Unterlagen und Hund über ein Ausstellungsgelände laufen werden Sie dankbar sein, dass Ihr Vierbeiner zu denjenigen gehört, die schön brav nebenher trotten.

Volodymyr Plysiuk/Shutterstock.com

Genau das möchte man vermeiden.

Was noch zum locker bleiben gehört ist auf jeden Fall der Anstand den anderen Menschen und Hunden gegenüber. Damit sind nicht Sie gemeint (da setzen wir die guten Umgangsformen einfach voraus), sondern Ihr Hund. Sich im Ring auf ungeliebte Kontrahenten zu stürzen führt zum Ausschluss und wird daher in aller Regel von vornherein zu verhindern versucht. Aber so sehr sich einige Handler auch im Klaren darüber sind, dass sie Abstand im Ring halten müssen, damit der Hund sich aufs Laufen und nicht aufs Keifen konzentriert, so sehr geht die Aufmerksamkeit diesbezüglich verloren, sobald der Ring verlassen wurde. Pöbelnde Hunde machen keinen guten Eindruck – weder innerhalb noch außerhalb des Rings. Niemand verübelt es einem, wenn der Hund mal zickt oder kurz zeigt, dass ihm der Abstand jetzt gerade zu gering wurde, aber man sollte wissen, wie man seinen Vierbeiner ab- und umlenken kann, wenn er sich zu sehr aufregen möchte. Den Hund einfach machen lassen ist ein absolutes No-Go und man sollte sich stets darauf einstellen, dass die Aufregung und der Stress, den die Ausstellungssituation mit sich bringen kann, sich unter Umständen so entlädt, dass ein Opfer gesucht (und in der Regel auch gefunden) wird. Besonders reaktive Hunderassen sind hier schnell etwas zu deutlich mit dem Zeigen, dass ihre Individualdistanz jetzt gerade unterschritten wurde. Vor allem Hunde, die im Alltag so ihre Probleme mit Hundebegegnungen haben, werden hier nochmal neu gefordert. Wer nicht ausweichen kann (speziell in Hallen oft ein Problem) ist gut beraten, nicht nur den gut neben sich laufenden Hund sein Eigen zu nennen, sondern auch jenen, der sich auf Signal vom Auslöser ab- und seinem Menschen zuwendet.

Viele Hunde, speziell Treib- und Hütehunde, können auch perfekt mit einem kleinen Zerrseil, dass Sie ans Ende Ihrer Leine binden, abgelenkt werden. Das Reinbeißen sorgt zudem bei vielen Hunden dafür, dass sie den entstandenen Frust und Stress sozusagen weg kauen können. Wenn der Platz es zulässt, spricht auch nichts gegen eine kurze gemeinsame Zerreinheit – so kann sich aufgestaute Energie schnell und kurz entladen. Selbstverständlich sollte der Hund dabei nicht zu sehr aufdrehen und das Signal zum Loslassen sehr gut beherrschen.

Bei Hunden die nicht zerren möchten, aber generell etwas stressanfälliger sind, hat sich der Einsatz einer Leck- oder Futtertube bewährt. Das beständige Schlecken an der Öffnung sorgt dafür, dass Stress vermindert und Wohlfühlhormone ausgeschüttet werden.

Zergeln: Ablenkung, Spaß und Spannungsabbau gleichermaßen.

Schlecken entspannt, lenkt ab und ist ein toller Jackpot.

Das Prinzip ist wieder dasselbe wie beim Nebenhergehen: Bewaffnen mit guten Leckerchen und sobald der Hund etwas sieht, dass er interessant findet: Kurz rückwärtsgehen, ihn mit dem auserkorenen Signalwort zum Umdrehen (also den Blick in Richtung Menschen wenden) geben und sofort belohnen. Nach einigen Wiederholungen auf Distanz und eher mäßig interessanten Reizen dazu übergehen, das Signal zu geben, wenn der Auslöser näher ist bzw. für den Hund deutlich interessanter. Sobald Ihr Hund das nach einigen Wiederholungen zuverlässig zeigt, achten Sie mal darauf, ob er sich Ihnen schon zuwendet, wenn er etwas sieht, aber noch bevor Sie das Signal zum Schauen gegeben haben. Sehr viele Hunde lernen sehr schnell, dass sich das Umdrehen zum Menschen immer dann lohnt, wenn sie etwas entdeckt haben: Sparen Sie dann nicht mit Goodies und Partylaune!

Im Zusammenhang mit Turnier, Ausstellung oder Stadtbesuch dürfen Sie natürlich nicht erwarten, dass Ihr Hund sich allenthalben von selber zu Ihnen dreht. Aber wenn Sie das Signal außerhalb des großen Trubels gut geübt haben und es etabliert ist, bekommen Sie den Hund zumindest dann wieder auf den Boden zurückgeholt, wenn es ihm doch mal zu stressig, eng oder einfach blöd wird und er anfangen will ein bisschen Theater zu machen. Nach demselben Schema können Sie auch mit übermäßig an anderen Menschen interessierten Hunden arbeiten. Freundliche Hunde sind toll, aber nicht jeder Mensch möchte immer und überall von fremden Hunden per Anspringen, Rempeln oder gar Knutschen begrüßt werden. Mit den genannten Übungen werden Sie auch am Rand der Hundeausstellung wenig Stress haben und sich noch mehr über Ihren Erfolg freuen können!

Selbstredend gelten die oben genannten Übungsanregungen nicht nur für Hunde, die schon im Alltag eher unwirsch auf die Nähe ihrer Artgenossen reagieren.
Auch die übermäßig kontaktfreudigen Vierbeiner, die gar nicht genug von ihren vierbeinigen Kumpels kriegen können und sich immer und überall sofort bekannt machen wollen, profitieren ebenfalls davon, sich in etwas Zurückhaltung zu üben – sei es bei tierischen, als auch menschlichen Zusammenkünften.

Entspannte Warterei

Ein Ausstellungstag kann ziemlich lang werden. Je nach Größe der Veranstaltung, Anzahl der ausgestellten Rassen und genereller Organisation, vergehen einige Stunden, in denen man (speziell der Hund) vor allem eines macht: Warten.
Während der Mensch sich mit anderen Personen unterhält; auf größeren Veranstaltungen seinem Kaufrausch nachgibt oder sich interessiert andere Aussteller im Ring anschaut, ist der Hund zum Ruhe halten verdammt.

Sicher, man geht hier und dort natürlich seine Runden spazieren. Aber vor dem großen Auftritt ist wenig mit hemmungslosem Toben. Weder sollte der Hund sich eventuellen Versuchungen in Form von Wasser, Schlamm oder einer Sandpanade hingeben, noch will man Kletten, Gräser oder Blätter aus dem vorab sorgfältig gekämmten und vielleicht gewaschenen Behang pflücken. Und mit anderen Hunden um die Wette rennen oder gar wild balgen ist im Rahmen einer Hundeshow ohnehin untersagt: Zu groß die Verletzungsgefahr und damit das Aus für den Tag. Es bleibt dem Hund also nicht vielmehr, als geduldig zu warten und alle Eindrücke zu verarbeiten. Wie bereits erwähnt, ist der Tag auf einer Ausstellung mit all seinen Düften, dem Gewusel, den Stimmen und anderen Hund-Mensch-Gespannen sehr aufregend. Da tut das Ausspannen am Rand der Veranstaltung eigentlich ganz gut und hilft dabei, die neuen Erfahrungen zu sortieren, zu verarbeiten und abzuspeichern.

Und während manche Hunde es schaffen, selbst im größten Trubel auf ihrer Decke zu chillen, während der Mensch daneben gemütlich am Handy surft, ist es für die meisten Hunde nicht so einfach, sich schnell und sicher runterzufahren.

Die kleinsten Vierbeiner haben hier, wie so oft, einen entscheidenden Vorteil: Sie sind es oft gewohnt von ihren Zweibeinern auf dem Arm durch die Gegend getragen zu werden und auf dem Schoß zu entspannen – da funktioniert das sehr oft auch gut im Ambiente der Hundeshow. Doch wer mehrere kleine oder einen eher großen Hund hat, der kommt hier schon an seine Grenzen.

Hunde, die im größten Tohuwabohu mittendrin liegen und schlafen sind nicht per se entspannt. Wenn die Aufregung zu groß ist, dann werden Hunde aufgrund der Reizüberflutung so erschöpft, dass sie einfach einschlafen. Dieser Selbstschutzmechanismus greift vor allem bei Welpen, wenn sie überfordert sind und die auf sie einprasselnden Eindrücke nicht mehr verarbeiten können.

Der Vierbeiner muss also irgendwo warten, bis man an der Reihe ist. Je nach Ausstellungsgelände kann man den Hund definitiv nicht im Auto warten lassen. Oftmals sind die Parkmöglichkeiten so weit gestreut, dass man nicht ohne Stress zum Anmelden, Einrichten, Umziehen, Hund reinholen und fertig machen kommt. Oder die Temperaturen sind einfach schon zu hoch, als dass man den Vierbeiner bedenkenlos im Wagen sitzen lassen könnte.

Was also tun? Im Idealfall hat man sich ein gemütliches Fleckchen gesucht, dass man mit seinem Zelt oder Schirm, einem gemütlichen Stuhl und einer Liegefläche für den Hund ausgestattet hat. Hier sitzen Mensch und Tier gemütlich wie bei einem Picknick zusammen, entspannen sich und freuen sich darauf, gleich allen zu zeigen, was für ein schönes Team sie sind.

In der Realität ist es aber häufig so, dass der Hund sich nicht entspannen kann, wenn er ständig andere Hunde und Menschen um sich herum sieht und der Zweibeiner sich beim besten Willen nicht auf etwas anderes, als nur auf seinen Hund und dessen Ablenkungen konzentrieren kann.

Bewährt hat sich in diesen Situationen eine Hundetransportbox, in die der Hund sich zurückziehen kann und die ihm signalisiert:
Hier ist deine Höhle, dein Rückzugsort und nichts von außen kann dir etwas anhaben.

Kleinschrittig aufgebaut ist eine solche Box die perfekte Ruhe-Oase, um auf einer Veranstaltung wenigstens einigermaßen zur Ruhe zu kommen.

Entspannt mittendrin – so sollte es sein. Three Dogs photography/Shutterstock.com

Aufbau: Wie immer wird auch die Box zuhause ganz in Ruhe und in kleinen Schritten trainiert. Hierzu kann man dem Hund zum Beispiel sein Futter in der Box geben, ihm immer mal wieder eine Handvoll Leckerchen reinstreuen oder ihn mit einem Kauknochen oder einem gefüllten Futterball in der Box beschäftigen. Wichtig ist zu Anfang, dass man die Tür der Box nicht schließt, wenn der Hund drin ist. Er kann zunächst raus und rein, wie es ihm gefällt. Wenn er aus Neugierde immer mal wieder von selbst reingeht, werfen Sie ihm gerne direkt etwas mit hinein, dass er toll findet (egal ob Futter oder Spielzeug). Verknüpfen Sie die von Ihnen initiierte Futtergabe in der Box mit einem Signalwort wie »ab in die Box«, »Pause« oder ähnliches. Nach einigen Tagen, wenn der Hund ohne zu zögern in die Box geht und dort frisst, können Sie die Tür kurz anlehnen – zunächst nur für die Dauer des Fressens. Danach sofort wieder öffnen und aufstehen lassen. Viele Hunde gehen aus freien Stücken zwischendurch immer mal wieder in die Box, um darin zu liegen. Das ist prima und sollte nicht durch Einsperren madig gemacht werden! Wenn Sie anfangen die Tür der Box etwas länger schließen zu wollen, passiert das anfangs bitte nur dann, wenn der Hund etwas

dabeihat, dass ihn auch eine gewisse Zeit beschäftigt (wie zum Beispiel ein Kauknochen).
Im Idealfall gibt es ausschließlich in der Box das beste Futter, den tollsten Knochen und das beliebteste Spielzeug – so wird sie sehr schnell zu einem echten Wohlfühlort.
Die gute und vor allem positive Verknüpfung des Hundes mit einer Box hat für den Hundehalter viele Vorteile. In belebten Haushalten dient sie als Rückzugsort, wo der Hund auch nie gestört werden darf (besonders interessant in Haushalten mit kleinen Kindern – so lernen Hund und Kind gleichermaßen: Der Hund kann sich zurückziehen, wenn er Ruhe braucht und die Kinder lernen zu respektieren, wenn der Hund ungestört sein will); ein boxtrainierter Hund geht gerne auch in seine Autobox; sollte er mal operiert werden müssen, kennt er es bereits, in einer Box verweilen zu müssen und wird nicht noch zusätzlich gestresst, wenn er sich darin wiederfindet; man hat ein Stück bekannten Rückzugsort dabei, wenn es mal ins Hotel oder das Ferienhaus geht und nicht zuletzt: Man hat einen Ort, in dem man den Vierbeiner gut und sicher unterbringen kann, wenn man sich auf einer Veranstaltung (Turnier, Ausstellung etc.) befindet. Auch hier sollten Sie den Hund natürlich nicht stundenlang irgendwo in der Box einsperren und sich anderweitig vergnügen. Im Idealfall sind sie direkt bei Ihrem Hund, der bei offener Tür in der Box entspannt oder bei geschlossener Tür relaxt darauf wartet, dass sie von der Toilette wiederkommen.

Karolina Blazejczyk/Shutterstock.com

Im Handel gibt es gut zu transportierende, zusammenklappbare Faltboxen, die in Windeseile auf- und abgebaut sind. Diese Boxen sind aus robustem Stoff mit Gummi- oder Netzeinsätzen und eignen sich aufgrund ihres geringen Gewichts sehr gut für Menschen, die sie oft auf- und abbauen und durch die Gegend tragen müssen. Sie sind allerdings nicht unzerstörbar und sollten nur für gut trainierte Hunde genutzt werden, die nicht versuchen, sich durch den Stoff nach draußen zu beißen. Alternativ gibt es auch klappbare Gitterboxen, für die sich der Erwerb einer Ummantelung lohnt (sonst sitzt der Hund darin doch wie auf dem Präsentierteller und der gemütliche Höhleneffekt ist nicht vorhanden).

Wichtig: Die Box ist ein sehr gutes Hilfsmittel für verschiedene Belange. Sie sollte aber wirklich immer kleinschrittig und positiv aufgebaut werden und niemals dazu genutzt werden, den Hund über Stunden wegzusperren!

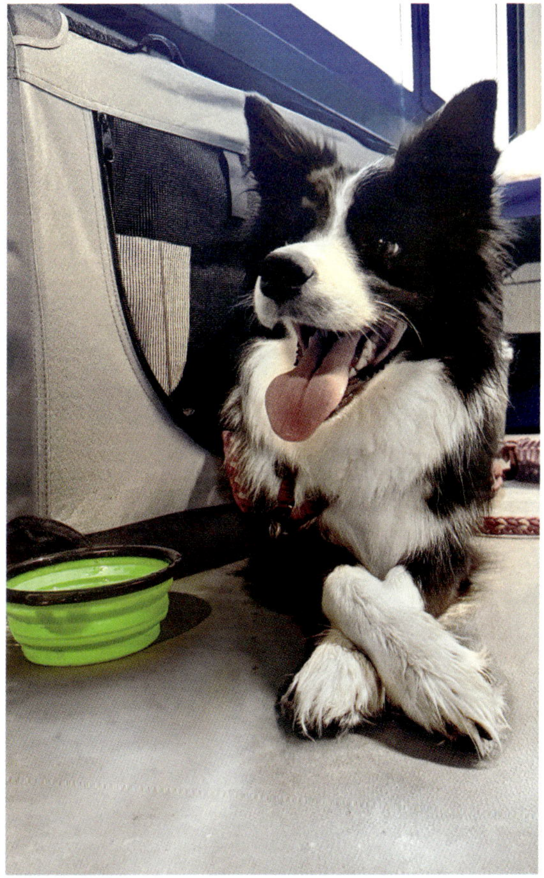

Eric Isselee /Shutterstock.com

Anhang: Was habe ich da eigentlich für einen Hund?

»Mein Hund ist der schönste und klügste.«

Jeder, der das über seinen Hund sagt hat recht. Wir alle lieben unsere Vierbeiner und wir übersehen gerne kleine Makel, machen sie doch oft das Individuelle und Besondere an unserem Vierbeiner aus. Grundsätzlich ist dagegen absolut nichts einzuwenden. Wenn wir aber statt des erhofften Vorzüglich nur mit einem Sehr gut aus dem Ring gehen, kann der Frust durchaus groß sein.

Auch manche Einschätzung, die in der Richterbewertung steht, mag dem ein oder anderen völlig irrsinnig erscheinen. So gut, richtig und wichtig es sein mag, über kleine Fehler und Mängel hinwegzusehen – denn, Hand aufs Herz, wer von uns ist schon perfekt und warum sollten es unsere Tiere sein – so ernüchternd ist es, wenn man Bewertungen für den geliebten Hund bekommt, die man ganz und gar nicht nachvollziehen kann.

Wir können eben nicht völlig objektiv sein und sehen vieles gerne in einem etwas rosaroteren Licht, als die Realität es darstellt.

Grundsätzlich ist das kein Problem, wenn aber jemand von außen, ganz ohne das Wissen darüber, wie niedlich Fiffi immer kuscheln kommt oder wie toll Bruno die Einkäufe trägt und Ninchen Haus und Hof beschützt, daherkommt und einfach nur die Optik bewertet, dann wird es manchmal schwierig.

Und deshalb sei an dieser Stelle nochmal ganz deutlich darauf hingewiesen:
Befassen Sie sich mit Ihrer Rasse. Lesen und studieren Sie den Rassestandard.

Auch, wenn Sie nur aus Spaß an Ausstellungen teilnehmen, sollten sie wissen: Zu welcher FCI-Gruppe gehört Ihr Hund; wie hat er idealerweise, rein auf dem gedruckten Papier, auszusehen und sich zu bewegen; was sind seine rassetypischen Eigenschaften und was vereint Ihr Hund von all diesen Eigenschaften perfekt, sehr gut, gut oder vielleicht auch kaum wahrnehmbar.

Wer das alles weiß und abgespeichert hat, der wird einen Bewertungsbogen ganz anders lesen und ganz anders an die Vorbereitung auf eine Show herangehen. Zudem planen Sie ihre Ausstellungen ganz anders, wenn Sie wissen, ob Ihr Hund aus einer Show- oder Leistungslinie kommt.

Gemeinsames Lauftraining im Gruppencoaching.

Ein Richter, der ein Faible für Showlinien hat und vorrangig diese bewertet, wird sich eher schwertun, einem Hund aus reiner Leistungslinie so viel Gutes abzugewinnen, dass ein vorzüglich drin ist. Sie wiederum werden, wenn Sie sich mit der Thematik beschäftigen, mit Ihrem Hund aus der reinen Arbeitslinie sehr viel besser nachvollziehen können, wie eine eher kritische Beurteilung zustande gekommen ist.

Es wird nicht Ihr Hund als Persönlichkeit bewertet – beurteilt wird rein sein Äußeres (wenn er sich absolut danebenbenimmt, dann ganz sicher auch sein Charakter, aber damit das nicht passiert haben Sie ja fleißig alles eingeübt, was in den vorherigen Kapiteln beschrieben wurde).

Nehmen wir als Beispiel die Border Collies. Wer sich in Büchern, Filmen und der Werbung umschaut wird bemerken: Hier herrscht ein Typ vor, der von relativ kräftiger (nicht dicker!) Statur ist. Der Hund ist mittelmäßig groß, hat langes Fell, einen kräftigen Kopf und ist in der Regel schwarz-weiß.

Wer sich nun einmal auf Agility-Turnieren umsieht, der sieht enorm viele Border Collies – aber kaum einen, der so aussieht, wie man ihn aus Film, Fernsehen oder den Fotos vom VDH kennt. Hier sind die Hunde oft kurzhaarig, haben relativ lange Beine im Verhältnis zum Körper und sind insgesamt sehr schlank und zierlich. Obwohl es sich immer um ein- und dieselbe Rasse handelt, die Hunde in ihrer Individualität ganz sicher großartig und vor allem einzigartig sind und jeder dieser Hunde auf seine eigene Art sehr schön ist, würden sie absolut unterschiedlich bewertet werden.

Der Rassestandard schreibt vor, dass der Hund Substanz hat, der Schädel relativ breit und der Stop sehr ausgeprägt ist. Diese Attribute erfüllen die Hunde aus den sogenannten Showlinien (also die, die man typischerweise in Rasseportraits sieht) in aller Regel sehr gut bis perfekt.

Die Vertreter der Rasse, die man im Sport oder beim Hüten sieht, entsprechen diesen Punkten in vielerlei Hinsicht nicht. Nichtsdestotrotz sind sie ein- und dieselbe Rasse und werden von ihren Menschen geliebt. Aber den Besitzern muss klar sein, dass sie mit ihrem Hund aus der Leistungslinie sicherlich viele Preise abstauben werden, aber das wird nicht im Showbereich sein. Und wenn man das weiß, weil man sich mit dem Rassestandard auseinandergesetzt hat, wird es umso verständlicher und auch erträglicher, wenn man eine nicht unbedingt gewünschte Beurteilung bekommt.

Natürlich muss es sich nicht immer um solche Extreme handeln, aber auch kleinere Fehler, die ein Richter sieht und bewertet und die einen den Sieg kosten können, kann man besser verstehen, wenn man sich sehr gut damit auskennt, welche Anforderungen an die Optik des Hundes gestellt werden.

Hierzu gehört zum Beispiel auch, welchen Laufschritt man mit seinem Hund einübt. Wie die Übung grundsätzlich aussehen soll, dazu haben Sie im entsprechenden Kapitel dieses Buches alles an die Hand bekommen. Was genau im Detail gewünscht ist, das sagt Ihnen der Rassestandard – und der ist nun einmal das Maß aller Dinge (zumindest im Showbereich).

Dora Zett/Shutterstock.com

Weiterbildung fürs Mensch-Hund-Team

Der Wunsch nach einem speziellen Training, um den eigenen Stil zu verbessern, kleine Fehler auszumerzen oder einfach einen Profi mal begutachten zu lassen, ob die wesentlichen Handgriffe und Schritte sitzen, kommt bei vielen Handlern recht schnell auf.

Ein gutes Ringtraining, bei dem erfahrene Aussteller sich individuell auf das Mensch-Hund-Gespann einstellen und wertvolle Kniffe weitergeben, liegt da sehr nahe. Im besten Fall nimmt man an einem gut organisierten und durchgeführten Training teil, bevor man seine erste Ausstellung besucht. So lassen sich Handlingfehler schon korrigieren, bevor man sie sich angewöhnt hat.

Wenn ein gewisser Laufstil oder eine nicht ganz saubere Handhaltung bereits in Fleisch und Blut übergegangen sind, wird es schwer, hier nochmal umzudenken und sich eine neue Körper- und Laufhaltung anzugewöhnen. Auch ist alles, was man dem Hund an Positionen mit viel Arbeit antrainiert hat umso schwieriger wieder umzutrainieren, sollte es doch aus Profisicht nicht ganz ideal sein.

Aber auch dann, wenn man schon einiges an Erfahrung mitbringt, macht sich eine Weiterbildung in Form von Ringtrainings durchaus bezahlt. Erfahrene Handler können jedem Aussteller wichtige Tipps und Tricks mitgeben, so dass man am Ende eines solchen Termins immer etwas besser ausgerüstet zur nächsten Show aufläuft.

Aber Achtung, nicht jeder angebotene Workshop ist für jedes Hund-Mensch-Team gleichermaßen zu empfehlen und bevor man sich vorfreudig in die Anmeldung zu einem solchen Training stürzt, sollte man folgende Punkte durchgehen.

Was ist ein gutes Ringtraining?

Mittlerweile gibt es viele gute Handler, die ihren Erfahrungsschatz in Form von Einzelcoachings oder Gruppentrainings weitergeben. Es empfiehlt sich in jedem Fall, vorab ein bisschen Recherche zu betreiben, was die Qualifikationen des Anbieters betreffen. In der Regel lassen sich die entsprechenden Informationen leicht im Internet herausfinden und geben einen guten Überblick darüber, wie erfahren der Coach ist.

Profi-Handler kennen sich mit unterschiedlichsten Rassen aus.

Was bei welcher Rasse beachten? Der Profi sollte es erklären können.

- Welchen Hintergrund hat der Handler? Ist derjenige Züchter, sehr erfahrener Aussteller verschiedener Rassen und vielleicht zusätzlich Hundetrainer?
- Welche Titel hat die Person bereits mit seinen Hunden erreicht?
- Stellt er eine bestimmte Rasse aus oder hat er Erfolg mit verschiedenen Hunderassen?
- Stellt er auch für andere erfolgreich aus und hat ein entsprechend großes Portfolio an Rassen, deren Eigen- und Besonderheiten er sehr gut kennt?
- Ist der Coach auch international auf großen Shows vertreten?

Das sind erstmal die Fakten, die sie ganz leicht herausfinden können und die einen ersten Überblick über die reinen Handler-Kompetenzen geben.

Doch was nutzen tolle Titel und ein gutes Geschick im praktischen Handling, wenn es mit der Persönlichkeit desjenigen nicht direkt passt? Verlassen Sie sich hier auch immer auf Ihren eigenen Eindruck und das berühmte Bauchgefühl. Schauen Sie sich Bilder und Videos der Person an, bei der Sie ein Coaching buchen möchten. Sagen Ihnen Auftritt, Lächeln und Stil direkt zu? Bei jedem Training sollte man sich als Lernender wohlfühlen – nur so nimmt man alle Tipps an und geht mit einem guten Gefühl an die Arbeit. Wenn Sie die Gelegenheit haben, dann schauen Sie sich am besten schon während einer Ausstellung die verschiedenen Handler an und sprechen Sie einfach mal an. Im besten Fall lernen Sie die Person schon kennen oder haben zumindest einen persönlichen, ersten Eindruck, bevor Sie viele Kilometer zu einem Workshop in Angriff nehmen.

Ein gutes Training besticht dadurch, dass Sie sofort Vertrauen in die Fähigkeiten des Ausbilders haben. Wissen zu vermitteln und praktisch an die Hand zu geben erfordert einiges an Geschick und die Fähigkeit, sich auf jedes Mensch-Hund-Team individuell einstellen zu können.

Auch ist wichtig, dass Sie sich jemandem anvertrauen, der Ihre Rasse kennt und, wie erwähnt, im besten Fall bereits Erfahrungen im Ausstellen genau dieser Hunderasse hat. Ein sehr versierter Aussteller, der aber bisher nur Hütehunde an der Hand hatte, ist ganz sicher eine gute Wahl, wenn Sie Ihren Collie vorführen möchten. Für den Molosser-Besitzer könnte ein Training bei jemand anderem eher von Mehrwert sein.
Ein Plus ist zudem, wenn derjenige, bei dem Sie sich weiterbilden möchten, auch züchterisch in Ihrer Rasse unterwegs ist. Hier können Sie nicht

nur Tipps und Tricks zum Vorführen bekommen, sondern zusätzlich noch mehr an besonderen Einblicken zu Leistung und Verhalten Ihres Hundes erhalten. Wir haben ja bereits besprochen, dass es fürs ganze Drumherum wichtig ist zu wissen, wie die eigene Rasse in Sachen Erziehung und Ausbildung tickt.

Ob Sie sich für ein Einzelcoaching oder ein Gruppentraining entscheiden, ist eher eine persönliche Vorliebe. Im Einzeltraining können Sie sicher sein, dass es ausschließlich um Sie und Ihren Hund geht. Das ist besonders empfehlenswert, wenn Sie ganz spezielle Fragen oder Anregungen haben – denn es geht einzig und allein darum, sich um Sie und Ihren Hund zu kümmern.

Besonders geeignet sind Gruppentrainings für die Handler der Zukunft. In Junior-Handling-Workshops können schon die jüngsten in Gesellschaft von gleichaltrigen lernen, wie sie gemeinsam mit ihrem Hund im Ring eine gute, gelassene Figur machen und zugleich den Umgang mit dem eigenen Vierbeiner intensivieren.

Gruppeneinheiten haben den Vorteil, dass man mit anderen Ausstellern in Kontakt kommt, sich bei anderen Feinheiten und Ideen abschauen kann und eine echte Ausstellungssituation nachgebildet und direkt praktisch geübt werden kann. Vor allem dann, wenn man sich in Sachen Abstand halten unsicher ist oder der eigene Hund sich nur schwer konzentrieren kann und nicht sein bestes Verhalten abruft, sobald andere Vierbeiner um ihn herum sind. Hier lernt man dann gleich vom Profi, wie man eventuelle Begegnungsbesonderheiten in der Showsituation in den Griff kriegen kann.

Die oben genannten Punkte dienen Ihnen auch zur Orientierung, wenn Sie darüber nachdenken, Ihren Hund nicht selbst, sondern von einem professionellen Showhandler ausstellen zu lassen.

Im Einzeltraining geht es ausschließlich um Sie und Ihren Hund .

Auch das will gelernt sein:

Die schönste Pose fürs gemeinsame Siegerfoto.

SCHLUSSWORT

Die Welt der Hundeausstellungen ist eine ganz eigene. Wer sie nur von außen betrachtet, der mag hier und da mit dem Kopf schütteln. Wer sie nur gelegentlich betritt, kommt vielleicht nie mit so manchen Gepflogenheiten klar. Wer sich ihr aber hingibt, der wird sich ihr mit Leib und Seele zuwenden und viele neue Erfahrungen machen, tolle Menschen und Hunde kennenlernen und seinen Kosmos um einiges erweitern.

Wir haben diesen Ratgeber geschrieben, um es Ihnen zu ermöglichen, die ersten, erfolgreichen Schritte ins Showleben bestmöglich zu meistern und dabei nicht zu vergessen, dass eins immer am wichtigsten ist: Die Liebe zum Hund und der Spaß an der Sache. Dieses Buch soll Ihnen den Weg ins Rampenlicht ebnen und als kurzweiliges, hilfreiches Nachschlagewerk dienen, der Anfänger und Profis gleichermaßen an der ein oder anderen Stelle Neues offenbart.

Erfolg beginnt im Kopf heißt es so schön. Wir würden es noch erweitern ums Herz. Denn wenn Sie an sich und Ihren Hund glauben und sich immer bewusst machen, dass Sie beide, egal wie andere es bewerten, ein unschlagbares Team sind, dann haben Sie eigentlich schon gewonnen.

Wir hoffen, Sie und Ihr Hund haben beim Trainieren und Ausstellen genauso viel Spaß, wie wir es beim Schreiben dieses Buches hatten.

Viel Erfolg,
Nicole Röder und Isabel Weber

DANKE

Ein solches Projekt ist nicht möglich, wenn man nicht die Leserschaft hat, die man sich als Autorenteam immer wünscht. Also geht an erster Stelle unser Dank an alle, die dieses Buch kaufen, es lesen, damit arbeiten und es im besten Fall weiterempfehlen. Danke dafür!

Ohne die zahlreichen Helfer hinter den Kulissen geht auch für uns nichts. Dafür ein von ganzem Herzen kommendes Dankeschön an alle Workshop- und Handlingtraining-Teilnehmer: Nur dank euch war es überhaupt möglich, die wichtigsten Highlights des Showtrainings herauszufiltern und zusammenzusetzen.

Und last but definitiv not least geht ein riesengroßes Dankeschön an die weltbeste Foto-Crew. Ihr seid der Wahnsinn!
Vielen Dank für die Zeit, die spontanen Aktionen und die Bereitschaft, einfach alles mitzumachen.

Danke an Cara McGee fürs Modeln und einfach alles umsetzen!

Danke an Karl-Maria Weber für das Einspringen als Richter Double (und das so cool und souverän umzusetzen – wir ziehen den Hut!).

Und vor allem ein superirregroßes Dankeschön an den talentierten Mann vor der Kamera, der alle Wünsche, Ideen und Versuche so perfekt festgehalten hat: Unseren Fotografen Andreas Mertes (Homepage: amfoto27.jimdosite.com). Ohne euch wäre das alles nix geworden.

Außerdem bedanken wir uns recht herzlich bei Claudia König von Müller Rüschlikon, die vom ersten Moment an dieses Projekt geglaubt hat – ohne einen Verlag wird auch das beste Buch nur eine Idee bleiben.
Danke für die Unterstützung!

AUTORENPORTRAIT

Isabel Weber

... ist Hundetrainerin, Verhaltensberaterin und Mentaltrainerin für Hundesportler. Zudem ist sie Züchterin im VDH und europaweit als Show-Handlerin unterwegs. Seit 2005 hat sie als Ausstellerin sowohl mit ihren eigenen als auch mit Fremdhunden etliche Erfolge im Ring zu verzeichnen. Mit ihren Greyhounds hat sie sämtliche Titel, die VDH und FCI vergeben, bereits nach Hause geholt und die von ihr ausgestellten Hunde sind schon mehrfach mit dem Titel Best in Show von großen Ausstellungen nach Hause gekommen. Auch bei der weltweit bekanntesten Hundeausstellung, der Crufts in England, durfte sie ihre Hunde erfolgreich vorführen.

Ihre Workshops in den Bereichen Show- und Juniorhandling sind stets im Vorfeld ausgebucht und auch ihre Einzelcoachings erfreuen sich großer Beliebtheit. Die Teilnehmer ihrer Showtraining-Workshops können durch ihr Coaching regelmäßig auf Höchstplatzierungen schauen und kommen auch von weit her, um sich von ihr trainieren zu lassen. Neben ihren Ausstellungs- und Trainingserfolgen ist Isabel mit ihren Hunden erfolgreich im Turnierhundesport unterwegs. Zum Ausgleich betreibt sie hobbymäßig Canicross. Seit 2017 züchtet sie unter dem Kennelnamen »Me Encantas« Greyhounds und Shar Pei.

AUTORENPORTRAIT

Nicole Röder

... ist Diplom-Pädagogin, Hundetrainerin und Autorin. Seit 2002 beschäftigt sie sich mit Lehr- und Lernprozessen bei Mensch und Hund und steht seit 2004 aktiv als Trainerin im Hundesportverein auf dem Platz. Vor allem mit ihren Border Collies war und ist sie im Hundesport aktiv und nimmt an zahlreichen Wettbewerben im Agility und Rally Obedience teil. Nicole hat bereits mehrere Bücher zu den Themen Bindung zwischen Mensch und Hund sowie Grundlagen in der Erziehung und Beschäftigungsideen für Hunde veröffentlicht. Sie schreibt regelmäßig Fachartikel zu hundebezogenen Themen. Ihre Schwerpunkte sind die Ausbildung des Hundes zum alltagstauglichen Begleiter sowie die geistige Auslastung und Beschäftigung, besonders von Hütehunden.

Weitere interessante Bücher aus dem Hundebuch-Programm:

Irene Sommerfeld-Stur

Rassehundezucht
Genetik für Züchter
und Halter

368 Seiten / 285 Bilder
€ 39,90 / € (A) 41,10

ISBN 978-3-275-02311-0

Dr. Irene Sommerfeld-Stur ist eine der bekanntesten Expertinnen in Sachen Hundezucht. Sie gibt hier eine einzigartige Einführung in genetisches Grundwissen und bietet dem Leser einen Einblick in die spannenden Entwicklungen der Genetik und Epigenetik.

Inge Hansen

Handbuch der Hundezucht
Mit großem
homöopathischen
Ratgeber

240 Seiten / 125 Bilder
€ 24,90 / € (A) 25,60

ISBN 978-3-275-01565-8

Wann ist der beste Decktermin? Welche Vorschriften gibt es? Wie bereitet man die Geburt optimal vor? Dazu alles über homöopathische Mittel bei der Geburt, über Aufzucht, Verkauf und Abgabe der Welpen.

Pat Hastings / Doris Walder /
Eva Holderegger Walser

Welpentest und Hundeanalyse
Körperbau – Fit for Function – einfach erklärt

368 Seiten / 600 Bilder; € 39,90 / € (A) 41,10

ISBN 978-3-275-02206-9

Mit dem als Puppy Puzzle bekannte Testverfahren lassen sich Stärken und Schwachstellen des Hundekörpers erkennen, sodass der Hund entsprechend gefördert werden kann. Dieser Band macht die Zusammenhänge von Hunden unterschiedlichen Alters und verschiedenster Rassen transparent.

Überall, wo es Bücher gibt oder
www.mueller-rueschlikon.de
Service-Hotline: 0711-78 992 151

Änderungen in Preis und
Lieferfähigkeit vorbehalten.